输变电工程环境保护与水土保持丛书

变电站
噪声治理设计

国网湖北省电力有限公司　组编

中国电力出版社
CHINA ELECTRIC POWER PRESS

内 容 提 要

本书是"输变电工程环境保护与水土保持丛书"的《变电站噪声治理设计》分册，共6章，主要包括噪声防治技术及其特点、超标噪声源分析及测试、变电站减振降噪措施典型设计、变电站隔声降噪措施典型设计、变电站吸声及消声降噪措施典型设计，变电站噪声控制典型设计案例等内容。

本书主要面向参与输变电工程环境保护与水土保持项目的各方，对从事变电站前期规划、中期施工和后期维护的技术和管理人员均有重要的参考价值。

图书在版编目（CIP）数据

变电站噪声治理设计／国网湖北省电力有限公司组编 . —北京：中国电力出版社，2020.12
（输变电工程环境保护与水土保持丛书）
ISBN 978-7-5198-5041-8

Ⅰ．①变… Ⅱ．①国… Ⅲ．①变电所－噪声控制－研究 Ⅳ．① TM63

中国版本图书馆 CIP 数据核字（2020）第 190785 号

出版发行：中国电力出版社
地　　址：北京市东城区北京站西街 19 号（邮政编码 100005）
网　　址：http://www.cepp.sgcc.com.cn
责任编辑：穆智勇（zhiyong-mu@sgcc.com.cn）
责任校对：黄　蓓　朱丽芳
装帧设计：王红柳
责任印制：石　雷

印　　刷：三河市万龙印装有限公司
版　　次：2020 年 12 月第一版
印　　次：2020 年 12 月北京第一次印刷
开　　本：787 毫米×1092 毫米　16 开本
印　　张：11
字　　数：270 千字
印　　数：0001—1500 册
定　　价：58.00 元

本 书 编 委 会

前　言

随着《环境保护法》《环境影响评价法》《建设项目环境保护管理条例》《水土保持法》及其配套规章的制（修）订及实施，电网环境保护与水土保持工作面临的监管形势更加错综复杂，电网企业在噪声污染、废水排放及废油风险防范、水土流失治理等方面的主体责任被进一步压实和明确。随着事中事后监管的逐步推进和环保、水保执法力度全面加强，输变电工程环境保护与水土保持典型设计的有效性、可靠性、合理性以及经济性已经成为电网高质量发展的关键因素之一。

近年来国内外大量科研院校和企事业单位都围绕电网噪声污染控制、废水处理、变压器油环境风险防控、水土保持和生态恢复设计等内容，开展了很多理论研究和工程实践，取得了一系列研究成果和实践案例。但这些工作分布较为零散，不便于相关管理及科研设计人员系统地了解和掌握输变电环水保设计要求、理念和具体方案措施。

为了建立系统的输变电工程环水保典型设计技术体系，有利于保存和推广已有的环保典型设计重大研究成果，并为后续环保典型设计研究的重点方向提供指导，国网湖北省电力有限公司于 2018 年 3 月启动了"输变电工程环境保护与水土保持丛书"的编撰工作。整套丛书在对现有研究成果和学术专著分类整编的基础上，着眼于噪声、废水废油、水土保持与生态保护的措施设计和施工，共分为六个分册，本书是《变电站噪声治理设计》分册。本书针对变电站噪声治理，立足于实践应用，达到变电站噪声治理设计深度；结合国网湖北省电力有限公司丰富的第一手工程经验，提供了丰富的典型的设计案例。本书可作为电力行业环境保护培训教材，也可为环保行业学生或技术人员针对性进行变电站设计工作的有效参考与借鉴。

本书在深入分析变电站噪声特性及对应控制技术基础上，介绍了超标声源分析及测试的实际工程应用方法；梳理了减振降噪等源头控制技术和隔声、吸声、消声等传播途径控制技术的设计方法、参数和案例实例；并分享了多种典型变电站噪声控制的综合设计案例，对变电站噪声治理设计的全过程进行全面展示与评价。本书将理论与实践结合，有助于管理人员、设计人员快速熟悉变电站噪声治理理论、标准和设计步骤，为具体设计工作提供专业参考。

本丛书由国网湖北省电力有限公司组织编写，湖北安源安全环保科技有限公司、国家电网有限公司、国网经济技术研究院、武汉理工大学等单位的专家学者参与了书稿各阶段的编写、审查和讨论，提出了许多宝贵的意见和建议。在此谨向参编各单位和个人表示衷心的感谢，向关心和支持丛书编写的诸位领导表示诚挚的敬意。

由于时间仓促，加之编者能力所限，本书难免存在不足之处，恳请各位读者批评指正。

编　者

2020 年 10 月

目　录

变电站噪声防治技术及其特点

变电站的噪声治理主要分为噪声源的控制和传播途径的控制两种方式。前者是控制噪声的根本办法，一般通过选用低噪声设备、防止冲击、减少摩擦、保持平衡、去除振动等消除或减少声源；后者利用隔振、隔声、吸声、消声等手段，使声波的能量耗散或阻隔噪声的行进传播，从而达到变电站降噪的目的。下面主要介绍变电站噪声治理的基本降噪技术。

1.1 隔 振 技 术

1.1.1 隔振原理

隔振是振动控制的主要方法之一，具体做法是通过包含特殊装置的辅助系统将振源和被保护物体隔离开。这种特殊装置称为隔振器或隔振装置。隔振的作用是减小振源和被隔振物体之间的动态耦合，从而减少不良振动传递给被保护物体或从物体传出。隔振系统包括被隔振物体、支撑结构（地面、基础）以及放置在两者之间的隔振器（装置）。

隔振分为积极隔振和消极隔振。利用隔振器以降低因机器本身的扰力作用而引起的机器支撑结构或地基的振动，称为积极隔振，又称为主动隔振，如图 1-1 所示；为减少精密仪器和设备或其他隔振体在外部振源作用下的振动，称为消极隔振，又称为被动隔振，如图 1-2 所示。变电站噪声控制中的隔振为积极隔振（主动隔振）。

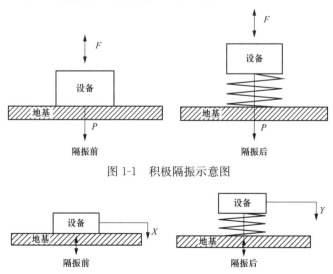

图 1-1　积极隔振示意图

图 1-2　消极隔振示意图

1.1.2 隔振性能评价

表征隔振效果的物理量通常用振动传递系数表示，它是指通过隔振元件传递到基础的力与总干扰力之比，用 T_f 表示，计算公式为：

$$T = \frac{P}{F} \tag{1-1}$$

式中：P 为传递力；F 为干扰力；

T 越小，说明通过隔振器传递过去的力越小，隔振效果与隔振器性能越好。如果机械设备与基础是刚性连接，则 $T=1$，即干扰力全部传递给了基础，说明没有隔振作用。

对于消极隔振，振动传递系数定义为位移传递系数 T_d。无论对于积极隔振还是消极隔振，T_d 都表示干扰力或振动的传递程度，则有：

$$T = T_f = T_d = \sqrt{\frac{1 + 4\eta^2 \left(\frac{f}{f_0}\right)^2}{1 - \left(\frac{f}{f_0}\right)^2 + 4\eta^2 \left(\frac{f}{f_0}\right)^2}} \tag{1-2}$$

式中：f 为振源频率或外界干扰频率；f_0 为系统固有频率；η 为系统的阻尼比。

对于实际的隔振工程，隔振降噪值的估算通过式（1-3）确定，即：

$$\Delta L = 20\lg(1/T) \tag{1-3}$$

式中：ΔL 为隔振前后声压级的改变量（dB）；T 为隔振装置的传递率，定义是传递到基础上的力的幅值与作用于隔振装置上的力的幅值之比。

1.1.3 隔振技术的应用

降低噪声振动的影响可以从两个方面入手：一是减少振动的产生，如优化铁芯的材质、重量、紧密程度以及线圈间距等条件均能够从源头上减少变电站振动的产生；二是阻碍振动的传递，如优化变压器的安装模式、变压器整体隔振方式、适当选择变压器壁面和变电站墙体等措施均能够从振动传递途径上减低噪声。

1.1.3.1 变电站振源控制

变电站振源控制通过对变电站噪声设备进行优化设计制造实现，即通过对变压器（电抗器）铁芯、绕组、磁屏蔽以及冷却系统内部元素的优化来达到降低振动的目的。具体可分为变压器（电抗器）本体和冷却系统优化制造与选择。

变压器（电抗器）本体主要由铁芯、绕组、磁屏蔽、油箱等构成。大部分高电压等级的变压器为油浸式变压器，也有部分低压变压器为干式变压器，而油箱本身不产生振动，因此对于变压器（电抗器）本体，主要通过减少铁芯、绕组、磁屏蔽噪声来实现振源控制。

冷却系统噪声来源包括风扇和油泵。按油冷却方式的不同，可分为自然冷却、风冷却、水冷却三种。变压器根据其容量、工作条件的不同选用适当的冷却方式，可大幅度降低甚至避免不必要的噪声。变压器油泵的噪声主要是由于电动机轴承等部分的摩擦而产生的，是以 $600 \sim 1000\,\text{Hz}$ 频率为主体的摩擦噪声。为降低噪声，可选用摩擦噪声小的精密级轴承，并适当降低电动机的转速；此外，把变压器油泵安装在变压器本体油箱和隔声壁之间，防止变压器油泵的噪声向外界发射，也能起到降低噪声的效果。

1.1.3.2 变电站隔振控制

变电站隔振控制是避免主要噪声源及其他电力设备振动噪声的传递。对于主要噪声源，隔振措施有很多，如安装隔振箱、吊装变压器、变压器内壁加装隔振板、变压器和通风机底部隔振等方法。

（1）安装隔振箱。变电站设备振动的危害主要可以分为电力设备松动和噪声影响两个方面。在变电站内部的主要振动产生元件外部套用隔振箱，能够有效切断这种振动的传播。并且，隔振箱的引入能够帮助主要振动元件的固定及其他附属链接元件的紧固，有效地避免了次生振动的产生。另外，隔振箱能够将主要振动设备以及其他附属电力设备很好地进行形体的整合，使其从整体而言具备规整的集合形态，无论是从电力设备与变电站整体结合的角度还是从振动控制的角度均有利于其他形式的隔振技术的应用。从噪声影响的角度分析，噪声主要通过空气进行传播，隔振箱能够有效阻断这种传播途径，降低噪声影响。

（2）在变压器内壁加装隔振板。此种方式是在变压器内部安装降低噪声以及振动的隔振板。此种方式要求隔振板均匀且无缝隙地安装在变压器的四壁上，能够有效地降低变压器内部的噪声以及振动的传导，进而降低由于振动所带来的危害。但是，在变压器内部加装隔振板具有一定的负面效应，主要表现在两个方面：①隔振板的安装无法从根本上降低振动元件所产生的振动，使得振动对于变压器内部元件的损伤以及内部的安全隐患无法得到缓解；②隔振板的安装不利于变压器内部的散热，在由于振动而产生的热量增加的情况下，安全性降低。

（3）变压器底部隔振。此种方式是通过采用隔振材料将变压器垫高而进行隔振，与隔振垫的作用类似。在隔振材料的选择方面，首先需要在底层铺垫具有较强稳定性的硬木底座；其次在其上铺设减振垫以达到减振的目的；最后将变压器固定于底部底座上。此种减振方式可以有效降低变压器振动所带来的振动传导，但是在安装的过程中对于底座与变电站地面的结合有一定的要求。建议在应用过程中通过紧固的手段使其与变电站紧密结合。

（4）吊装变压器。此种方式有效地避免了变电站内部的主要振动产生元件与变电站的直接接触，阻断了由于直接接触而造成的振动传导。在该模式下，变压器振动无法传导到外部的变电站结构上，因此可以降低变电站整体的振动幅度。但是在安装的过程中同样存在问题：一方面由于吊装变压器而导致变压器与变电站结构连接紧密，对变压器自身的振动具有一定的消极影响；另一方面由于变压器自身重量等问题，在吊装的过程中对于吊装材料以及变电站吊装节点的物理强度要求较高。

对于其他电力设备振动噪声，主要通过紧固的方式来进行控制。在变电站内部除了主要元件变压器、风机等，其他电力设备均会产生自身的振动。其他电力设备的振动主要是通过与变电站的连（链）接而产生的振动传导。此种方式所产生的振动具有振幅较小、振动力度较弱、振动具有明显的衰减效果等特点。因此，根据电力设备的振动特点在其安装的过程中进行紧固优化，将悬接的电线、弱电设备等元件与墙体或者变压器进行连接，其他元件与变压器内壁或者地板进行固定，能够有效地降低此种振动的传导。

1.2 隔声技术

1.2.1 隔声原理

隔声技术是噪声控制的主要技术措施之一。噪声在传播过程中遇到隔声材料时，由于隔声材料与空气的阻抗不一致，一部分声能被吸收，大部分声能被反射回去，从而起到降噪隔声效果，如图1-3所示。

隔声是变电站噪声控制工程中最常用的技术措施。在运用隔声技术时，经常要用到以下四个概念：

（1）质量定律：指对于一般常用的固体隔声材料，如钢板、木板、砖墙、玻璃等，介质面密度加倍，隔声量提高 6dB；频率升高 1 倍，隔声量也增加 6dB。

（2）吻合效应：隔声板在某一声频段由于隔声板振动导致的透射声波增加，称为吻合效应。隔声板材表面受到入射声波作用可能会产生弯曲振动，从而起到振动传播的作用，增强了声波的透射。当声波达到一定的临界频率时，出现吻合效应，这时的弯曲振动最强烈，透射声波能力最强，如图 1-4 所示。

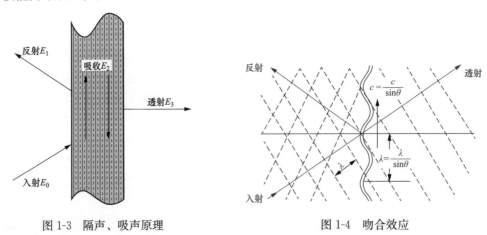

图 1-3　隔声、吸声原理　　　　　　　　图 1-4　吻合效应

（3）单层隔声结构特性：如图 1-5 所示，单层匀质材料的典型隔声特性曲线大致可分为刚度阻尼控制区（Ⅰ区）、质量控制延续区（Ⅱ区）和吻合效应区（Ⅲ区）三个区域。单层板具有制作简单、材料成本低廉等优势，隔声量与材料面密度密切相关，但也存在吻合效应明显，抑制隔声量有效提升，且耗材量大，材料质量重等缺点。

（4）多层隔声结构特性：其性能明显优于单层隔声结构。当声波依次透过特性阻抗完全不同的墙体与空气介质时，在多阻抗失配的界面会造成声波的多次反射，发生声波的衰减，如图 1-6 所示。对于相同的隔声效果，双层隔声墙体比单层实心墙体重量减少 2/3～3/4。

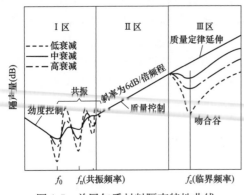

图 1-5　单层匀质材料隔声特性曲线

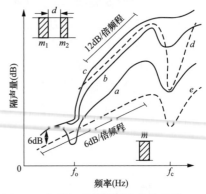

图 1-6　多层匀质材料隔声特性曲线

a—无吸声材料双层墙；b—有少量吸声材料双层墙；
c—充满吸声材料双层墙；d—双层墙（相同 f_c）隔声量；
e—单层墙隔声量

1.2.2 隔声性能评价

隔声性能一般用透声系数（τ）和隔声量（L_{TL}）来表示。

1.2.2.1 透声系数

噪声在传播的过程中遇到障碍物时，一部分声能被吸收，一部分声能被反射回去，还有一部分声能透过障碍物到达另一侧。透射障碍物的声能与入射的总声能之比即为透声系数 τ，表示为：

$$\tau = \frac{E}{E_0} \tag{1-4}$$

式中：τ 为透声系数；E 为透射的声能（J）；E_0 为入射的总声能（J）。

τ 是一个无量纲的量，值介于 0~1 之间，τ 越小，声能越难透射，屏障的隔声性能越好。通常来说 τ 是无规入射时各入射角度透声系数的平均值。

1.2.2.2 隔声量

一般隔声构件的透声系数很小，使用很不方便，故采用隔声量表示构件的隔声能力。隔声量又称传声损失，是评价隔声性能的重要参数指标，记作 L_{TL}，单位为分贝（dB），计算式为：

$$L_{TL} = 10\log\frac{1}{\tau} \tag{1-5}$$

式中：L_{TL} 为隔声量；τ 为透声系数。

同一隔声构件对于不同频率的声音具有不同的隔声性能。隔声量的大小与隔声构件的物理性质、声波频率等因素密切相关。一般来说，低频时的隔声量较低，高频时的隔声量较高。

在工程应用中，通常把中心频率为 125、250、500、1000、2000、4000Hz 的 6 个倍频程或 100~3150Hz 的 16 个 1/3 倍频程的隔声量做算术平均，求得平均隔声量。实际工程中，也可以用 500Hz 的隔声量代表材料的实际隔声量，用 $L_{TL}500$ 表示。

1.2.2.3 影响因素

影响隔声性能的因素主要包括以下三个方面：

1）隔声材料的性质，如品种、密度、弹性和阻尼等因素。

2）构件的几何尺寸以及安装条件（包括密封条件）。

3）噪声特性，如噪声源的频率特性、声场的分布以及声波的入射角度；对于给定的隔声构件来说，隔声量与声波频率密切相关。

1.2.3 隔声技术的应用

用隔声材料来隔绝空气中传播的噪声，叫作隔声。隔声材料是指隔声构件和隔声结构。隔声构件包括单层匀制薄板、多层匀制板材、复合隔声结构、隔声门、窗等；隔声结构包括声屏障、隔声罩、隔声间、box-in 等。在变电站噪声控制工程中，要根据噪声源的性质、传播形式及其与环境敏感点的位置关系，采用不同的隔声处理方案。

声屏障因其简单有效、节约土地、降噪较为明显等优点，在变电站噪声控制工程中应用广泛。声屏障主要是由钢结构立柱和吸、隔声屏障板两部分组成，其隔声量受屏障的不同位置、高度和个数等参数的影响。优化设计可以在一定程度上提高声屏障的隔声量，但其最好的降噪效果不会超过 25dB。

隔声罩把声源封闭在一个相对小的空间里，可取得较好的隔声效果。其形状可以是箱形，也可以是机器部件的轮廓形状。在变电站噪声控制工程中，隔声罩常用于户外变电站的独立强声源，如变压器、电抗器、风机等。例如，在变电站中电抗器因其布置位置离厂界较近而导致噪声超标，故常常对电抗器设置局部隔声罩。隔声罩的设计要充分考虑其通风散热、罩壁共振等问题，其降噪量一般为10～40dB(A)。

在变电站噪声控制工程中，隔声间常用于户内变电站独立的强声源，如主变压器室、电抗器室、通风机室等都可以设成隔声间。隔声间类似于一个大型的隔声罩，人可以进入。由于设置了门、窗、通风管道等，这些部位会在较大程度上影响整体隔声量。

Box-in是采用带有通风散热消声器的隔声罩，把变压器本体封闭起来，而冷却装置设置在外面的隔声装置。采用该种结构可得到较大隔声量，通常为25～30dB(A)。Box-in在换流站中应用较多，在变电站中也有一些应用。

1.3　吸　声　技　术

1.3.1　吸声原理

吸声是利用一定的吸声材料或吸声结构来吸收声能，从而达到降低噪声强度的目的。当声波进入多孔材料的孔隙之后，引起孔隙中的空气和材料的细小纤维发生振动，由于空气与孔壁的摩擦阻力、空气的粘滞阻力和热传导等作用，部分声能被转变为热能而耗散掉，从而形成吸声作用。

1.3.2　吸声性能评价

吸声性能主要用吸声系数（α）和吸声量（A）进行评价。

1.3.2.1　吸声系数

1. 原理

材料的吸声性能常用吸声系数α表示，即声波入射到材料表面时，材料吸收的声能E_2和透射声能E_3之和与入射到该面的声能E_0的比值（见图1-3），用公式表示为：

$$\alpha = \frac{E_0 - E_1}{E_0} = \frac{E_2 + E_3}{E_0} = 1 - r \tag{1-6}$$

其中
$$r = \frac{E_1}{E_0}$$

式中：E_0为入射的总声能（J）；E_1为反射声的声能（J）；E_2为被吸收的声能（J）；E_3为透过材料的声能（J）；r为反射系数。

当$\alpha = 0$时，表示声波被完全反射，属于完全反射的材料；当$\alpha = 1$时，表示声波被完全吸收，属于完全吸收的材料。当$0 < \alpha < 1$时，吸声系数α越大，表明材料的吸声性能越好。通常，$\alpha > 0.2$的材料称为吸声材料，$\alpha > 0.5$的材料是理想的吸声材料。

常用吸声材料的吸声系数如表1-1所示。

表 1-1　　　　　　　　　常用吸声材料的吸声系数

材料名称	尺寸（mm）	体积密度（kg/m³）	倍频（Hz）吸声效果/（吸声系数）					
			125	250	500	1000	2000	4000
离心玻璃棉板	厚度50	24	0.45	0.91	1.12	1.08	1.04	1.10
棉装饰吸声板	厚度10	10	0.63	0.48	0.48	0.56	0.74	0.82
陶土吸声砖	厚度80	1250	0.18	0.55	0.62	0.56	0.58	—

续表

材料名称	尺寸（mm）	体积密度（kg/m³）	倍频（Hz）吸声效果/（吸声系数）					
			125	250	500	1000	2000	4000
陶粒吸声砖	厚度 115	780	0.43	0.80	0.75	0.74	0.83	0.89
穿孔金属板	孔距 55，孔径 6，空腔距 100，填玻璃棉	—	0.31	0.37	1.0	1.0	1.0	1.0
单层微穿孔板	孔径 0.8，板厚 0.8	—	0.1	0.46	0.92	0.31	0.40	—
双层微穿孔板	孔径 0.8，板厚 0.8，空腔距离 100	—	0.28	0.79	0.70	0.64	0.41	0.42
砖墙抹灰	—		0.02	0.02	0.02	0.03	0.03	0.04
砖墙拉毛水泥			0.04	0.04	0.05	0.06	0.07	0.05

2. 测量方法

吸声材料的吸声系数可通过测量得出，工程中常用的有混响室法（无规入射）与驻波管法（垂直入射）两种。测量方法的不同会导致所测得的结果略有差异。

（1）混响室法。把被测吸声材料按一定要求放置于专门的声学试验室，即混响室中进行测定，如图 1-7 所示。混响室是一个能在所有边界上全部反射声能，并在其中充分扩散，形成各处能量密度均匀、在各传播方向作无规分布的扩散场的实验室。其基本原理是使声源在封闭空间内产生混响声，声源停止后，室内空间的混响声会逐渐衰减；当房间的体积确定，则混响时间（声压级衰减 60dB 的时间）的长短与房间内的吸声能力有关。根据这一关系，吸声材料的无规入射吸声系数就可以通过在混响室内的混响时间的变化来确定。

混响室将不同频率的声波以相同概率从各个角度入射到材料表面，这与吸声材料在实际应用中声波入射的情况比较接近。用此方法所测得的吸声系数为混响吸声系数或无规入射吸声系数。这种测试比较复杂，对仪器设备要求高，且数值往往偏差较大，但比较接近实际情况，在吸声降噪设计中常被采用。

（2）驻波管法。如图 1-8 所示，将被测材料置于驻波管的一端，用声频信号发生器带动扬声器，从驻波管的另一端向管内辐射平面波，声波以垂直入射的方式入射到材料表面，一部分被吸收，另一部分被反射。反射的平面波与入射波相互叠加产生驻波，声波腹处的声压为极大值，波节处的声压为极小值。根据测得的驻波声压极大值和极小值就可以计算垂直入射吸声系数。这样测得的吸声系数称为驻波管吸声系数或垂直入射吸声系数。

图 1-7　混响室法

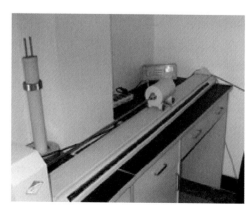

图 1-8　驻波管法

驻波管法简便、精确,但与一般实际声场较为不符,多用于测试材料的声学性质与鉴定,在消声器设计中采用。

(3)吸声系数的换算。实际常使用驻波管法测量材料的吸声系数,然后根据两种吸声系数的关系,由垂直入射吸声系数换算为无规入射吸声系数,换算关系如表1-2所示。

表1-2   吸 声 系 数 换 算 关 系

驻波管法吸声系数	0.1	0.2	0.4	0.5	0.6	0.7	0.8	0.9
混响室法吸声系数	0.25	0.40	0.60	0.75	0.85	0.90	0.98	1

3. 影响因素

吸声系数的大小不仅与材料本身性质有关,还与声波频率、声波的入射角度等因素有关。根据声波入射角度,可将吸声系数分为垂直入射吸声系数、斜入射吸声系数和无规入射吸声系数。对于同一种材料,吸声系数的大小还与声波的入射频率、入射方向有关。各种材料的吸声系数是频率的函数,因此对于不同的频率,同一材料具有不同的吸声系数。为表示方便,在工程上通常采用125、250、500、1000、2000、4000Hz六个频率吸声系数的算术平均值表示某一种材料的平均吸声系数。有时把250、500、1000、2000Hz四个频率吸声系数的算术平均值取0.05的整数倍,称为降噪系数(NRC),用降噪系数可粗略地比较和选择吸声材料。

1.3.2.2 吸声量

吸声量又称等效吸声面积,用于表征具体吸声材料的实际吸声效果。吸声量定义为吸声系数与吸声面积的乘积,由式(1-7)确定:

$$A = \alpha S \tag{1-7}$$

式中:A为吸声量(m^2);α为某频率声波的吸声系数;S为吸声面积(m^2)。

由式(1-7)可以看出,若$50m^2$的某种材料在某频率下的吸声系数为0.3,则该频率下吸声量应为$15m^2$。或者说,该材料的吸声本领与吸声系数为1而面积为$15m^2$的吸声材料相同,此$15m^2$即为等效吸声面积。

如果一个室内的各墙面上布置几种不同的材料时,则房间的吸声量A按式(1-8)计算:

$$A = \sum_{i=1}^{n} A_i = \sum_{i=1}^{n} \alpha_i S_i \tag{1-8}$$

式中:A_i为第i种材料组成壁面的吸声量(m^2);α_i为第i种材料的吸声系数;S_i为第i种材料的吸声面积(m^2)。

1.3.3 吸声材料的应用

吸声材料是具有较强的吸收声能、减低噪声性能的材料,主要分为多孔吸声材料、共振吸声结构和特殊吸声结构三类。其中,多孔吸声材料对高频噪声具有较高的吸声效果;共振吸声结构对低频噪声有较高的吸声效果;特殊吸声结构具有吸声频段宽等特点。

1.3.3.1 多孔吸声材料

多孔吸声材料的构造特征是从表到里具有大量的互相贯穿的微孔,吸声机理主要是利用声波入射到多孔材料表面时激发起微孔内的空气振动,振动的空气与多孔材料的固体经络之间产生相对运动,由于空气的粘滞性,在微孔内产生相应的粘滞阻力,迫使这种相对运动产生摩擦损耗,空气的动能转化为热能,从而令声能被衰减;同时,空气绝热压缩时,压缩空气与固体经络之间不断发生热交换，也使声能转化为热能，从而使声能衰减。多孔吸声材料主要解决高频声的吸收。常见的多孔吸声材料有纤维材料、颗粒材料、泡沫材料及帘幕、植绒等。

1.3.3.2 共振吸声结构

共振吸声结构的吸声原理是当声波的频率与共振吸声结构的自振频率一致时发生共振，声波激发共振吸声结构产生振动，并使振幅达到最大，从而消耗声能，达到吸声的目的。共振吸声结构主要用来解决低频声的吸收。其装饰性强、强度高、声学性能易于控制，在建筑物中应用广泛。常见的形式有单腔共振器、穿孔板共振吸声结构、微穿孔板共振吸声结构、狭缝共振吸声结构、薄板共振吸声结构和膜状结构等。

1.3.3.3 特殊吸声结构

常见的特殊吸声结构有帘幕、空间吸声体和吸声劈尖。

帘幕是具有通气性能的纺织品，具有多孔材料的吸声特性。由于其厚度较薄，故作为吸声材料使用时吸声效果不明显。如果离开墙面或窗洞一定距离安装，恰如多孔材料的背后设置了空气层，因而在中高频就能够具有一定的吸声效果。当它离墙面 1/4 波长的奇数倍距离悬挂时可获得相应频率的高吸声量。

空间吸声体是一种悬挂在室内空间中专为吸声目的而制作的吸声构造。空间吸声体将吸声材料做成空间的立方体，如平板形、球形、圆锥形棱锥形或柱形，使其多面吸收声波，在投影面积相同的情况下，相当于增加了有效的吸声面积和边缘效应，再加上声波的衍射作用，大大提高了实际的吸声效果，其高频吸声系数可达1.40。且该法节省吸声材料，对工厂、企业的吸声降噪比较适用。在实际使用时，根据不同的使用地点和要求，吸声体可设计成各种形式从顶棚吊挂下来，常用空间吸声体的形态如图1-9所示。

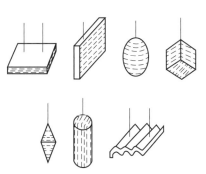

图1-9 常用空间吸声体形态

吸声劈尖常用于消声室。

1.4 消 声 技 术

1.4.1 消声原理

对于气流为主的噪声源，如通风管道、排气管道等，在进行降噪处理时要考虑允许气流通过的同时又要有效阻止或减弱声能向外传播，这就需要采用消声器。消声器是允许气流通过却又能阻止、减小声音传播的一种器件，是消除空气动力性噪声的重要措施。凡是以空气动力性噪声为主的噪声控制问题，均可在气流通道或进、排气口安装消声器来降低噪声。

1.4.2 消声器性能评价

消声器通过使声音经过具有吸声内衬及特殊结构的气流管道达到降低噪声的目的，主要安装在空气设备（如风机、空压机等）气流通道上或进、排气系统中。因此在评价消声器的性能时，应着重从声学性能、空气动力学性能、结构性能三方面综合考虑。

1.4.2.1 声学性能

声学性能即消声的消声量的频谱特性。消声量通常由传声损失和插入损失表示。频率特性以倍频的 1/3 频带的消声量来表示，要有足够的消声量，并且在较宽的频率范围（尤其在噪声突出的频率范围）内有良好的效果。

在我国，与消声器测量有关的国家标准有 GB/T 4760—1995《消声器测量方法》和 GB/T 16405—1996《管道消声器无气流状态下插入损失测量实验室简易法》。它们分别对消声器实验室测量方法和现场测量方法做了详细的规定。

实验室测量方法是在可控实验条件下较深入细致地测试消声器的性能，主要用于以阻性为主的管道消声器。

现场测量方法是在实际使用条件下直接测试消声器的消声效果，适用于一端连通大气的一般消声器。评价消声器声学性能的指标有下列四个。

（1）插入损失。插入损失指系统中插入消声器前后在系统外某定点测得的声功率级之差。在实验室内测量插入损失一般应采用混响室法或半消声室法或管道法。这几种方法都应进行安装消声器以前和以后两次测量，先测出通过管口辐射噪声的各倍频带或 1/3 倍频带声功率级，然后用消声器替换相应的管道，保持其他实验条件不变，在同一测点测出各频带相应的声功率级。各频带的插入损失为前后两次测量所得声功率级之差。如果装置消声器前后声场分布情况近似保持不变，则声功率级之差就等于相同测点的声压级之差。

现场测量消声器插入损失符合实际使用的条件，但受环境、气象、测距等影响，其测量结果应进行修正。无论是实验室测量还是现场测量，A 计权插入损失 L_{IL} 的计算式如下：

$$L_{IL} = L_{p1} - L_{p2} \qquad (1-9)$$

式中：L_{p1} 为装置消声器前测点的 A 声级（dB）；L_{p2} 为装置消声器后测点的 A 声级（dB）。

（2）传声损失。传声损失为消声器进口端声功率级与出口端声功率级之差。通常情况下消声器进口端与出口端的通道截面相同，声压沿截面近似均匀分布，这时传声损失等于进口端声压级与出口端声压级之差。

测量消声器的传声损失，必须在实验室给定工况下分别在消声器两端进行测量，在消声器进口端测出对应于入射声的倍频带或 1/3 倍频带声功率级，在出口端测出对应于透射声的相应声功率级，各频带传声损失等于两端分别测量所得频带声功率级之差。一般用管道法测量入射声和透射声的声压级。

各频带传声损失 TL 由式（1-10）确定：

$$TL = L_{pi} - L_{pt} + (K_t - K_i) + 10\lg\frac{S_i}{S_t} \qquad (1-10)$$

式中：L_{pi} 为入射声平均声压级（dB）；L_{pt} 为透射声平均声压级（dB）；K_i 为入射声的背景噪声修正值（dB）；K_t 为透射声背景噪声修正值（dB）；S_i 为消声器进口端管道通道截面积（m²）；S_t 为消声器出口端管道通道截面积（m²）。

（3）减噪量。消声器进口端面测得的平均声压级与出口端面测得的平均声压级之差称为减噪量 NR，其计算式如下：

$$NR = L_{p1} - L_{p2} \qquad (1-11)$$

式中：L_{p1} 为消声器进口端面平均声压级（dB）；L_{p2} 为消声器出口端面平均声压级（dB）。

这种测量方法易受环境声反射、背景噪声、气象条件的影响。

（4）衰减量。消声器内部两点间的声压级的差值称为衰减量，主要用来描述消声器内声传播的特性，通常以消声器单位长度的衰减量（dB/m）来表征。

1.4.2.2 空气动力学性能

空气动力学特性即阻力损失和阻力系数。阻力损失通常由消声器入口和出口的全压差来表示，阻力系数则由消声器的动压和压损算出。空气通过消声器时，对其产生的阻力应尽可能小；安装消声器后系统所产生的压力损失也应在一定范围内，避免影响设备的正常工作；还应当改善风机的通风系统，以有利于通风。

1.4.2.3 结构性能

在满足声学性能和空气动力学性能的基础上，要求消声器的体积小、质量轻、结构简单、安装方便，材质耐腐蚀、防水防潮，使用寿命长，符合实际安装空间的需要，外观美观大方，表面装饰与设备相协调。

1.4.2.4 注意事项

为了减小变电站室内声源向室外的传播及通风风机噪声，对于房间的进出通风口可采用消声器进行消声。主变压器（电抗器）进（出）风口的消声器宜采用阻抗复合消声器，既可以降低主变压器产生的中低频噪声，又可以减小通风风机的中高频噪声。通风风机的噪声以中高频为主，宜采用阻性消声器。通风风机的消声控制除考虑声源噪声以及消声器和各部件的消声量外，还应计算管道系统各部件产生的气流再生噪声。当气流再生噪声（气流在消声器内产生的噪声）对环境的影响超过噪声限制值时，应降低气流速度或简化消声器结构。

1.4.3 消声技术的应用

消声措施主要是设置消声器。在变电站噪声控制工程中，为了避免变电站一些设备运行过程中温度过高，常常需要设置一些通风口、风道进行通风散热，噪声会通过通风口、风道向外传播，从而降低了隔声结构整体隔声量；同时，必要时还需要设置轴流风机来进行冷却，而轴流风机在一定程度上也会增加变电站的总体噪声。解决这些矛盾行之有效的方法就是设置消声器。

在变电站噪声控制工程中，由于变压器、电抗器等噪声以中低频为主，而冷却装置等噪声以中高频为主，因而阻性消声器、抗性消声器、阻抗复合消声器等都有应用。因此，需要根据噪声频谱特性、所需插入损失、气流再生噪声、空气动力性能以及防潮、防火、防腐蚀等特殊使用要求来选用某系列消声器或自行设计。

1.5 其他新技术及新材料

1.5.1 有源降噪技术

随着技术的发展，传统的噪声控制方法对低频噪声控制效果不太理想，于是人们提出了一种噪声控制新技术—有源噪声控制。如图 1-10 所示，管道中的噪声从上游传入，传声器检测信号并将其转化为电信号，电信号由电信号处理器放大并实现一定的相位移，然后激励扬声器发声。扬声器发出的声波实际上是原来声波的镜像，两者的叠加使得源频率的声波在扬声器的下游获得抵消。在指定区域内人为地产生一个次级声信号，通过次级声源产生与初始声源的声波大小相等、相位相反的声波辐射，二者相互抵消，

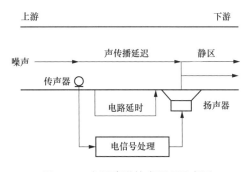

图 1-10 有源降噪技术原理示意图

达到降噪的目的。

1.5.1.1 系统构成及分类

有源噪声控制系统分类涉及的因素很复杂，分类方式也有多种。目前主要有以下三种。

1. 模拟系统和数字系统

这两种系统的控制器分别由模拟电路和数字电路构成。模拟系统构造简单、成本低，但是只能完成简单的单通道控制器，系统特性不能很好地适应环境的变化。数字系统有数字型号处理器完成特定算法，适合完成多通道和时变环境下的有源噪声控制，可靠性好，但是成本相对较高。

2. 前馈控制系统和反馈控制系统

这两种控制系统的区别在于前馈系统需要获得参考信号，控制器由前馈滤波器完成。而反馈控制系统无法获得参考信号，整个系统由误差传感器同时检测到参考信号和误差信号。一般来说，前馈控制系统的稳定性比反馈控制系统高。

3. 单通道系统和多通道系统

单通道系统中仅仅包含一个次级源和一个误差传感器，而多通道系统包含两个以上的次级源和误差传感器。多通道系统对扩大消声空间、提高降噪量是有效的，但是随着通道数的增多，控制器算法的复杂程度大幅度提高，影响了系统的实时性和稳定性。

1.5.1.2 应用

目前，有源噪声控制技术已经在工业、交通等方面得到了广泛的应用，如在管道噪声的控制中就使用了有源噪声控制系统。管道噪声包括中央空调、大型输液、输气管道、通风管道中的噪声，以及鼓风机、发动机等工业设备的排气噪声等。对于管道噪声，传统控制方法是使用消声器、抗性消声器和阻抗复合型消声器，不论哪一种消声器都存在比较大的缺陷，要么体积庞大、重量大，要么就是噪声控制效果不好，并且会在不同程度上带来管道气动特性的损失。所以对管道噪声使用有源噪声控制方法是最合适的，其降噪量在 15～20dB 之间。此外，有源噪声控制还运用在变压器及电站噪声的控制、车厢内部噪声的控制和飞行器舱室噪声的控制上，均取得了一定的降噪效果。

应用于电力变压器上的有源噪声减振控制由两部分组成，一部分是直接安装在油罐上的振动调节器，另一部分是安装在油罐附近的声调节器。由安装在远场的声差传声器测量噪声声级，并给控制器提供输入信号。对于新型的变压器，可以使用近场传感器或装在油罐上的振动传感器，由电子式控制器从传感器取得输入信号，并驱动调节器使多处的噪声减到最小。如果安装正确，有源噪声减振控制消除低频噪声的效果比声屏障更好。但是，有源控制处理二维空间的噪声和振动问题比其处理一维空间的问题困难得多。通常，在小噪声源上实现有源噪声减振控制要比在变压器油罐这类大噪声源上更简单、经济。

目前，有源噪声控制的进展不能令人满意，主要原因有：

（1）系统稳定性和实现的降噪效果令人不满意。

（2）通用性差，过分依赖初级声源和空间环境的特性。

（3）构造复杂，需要专业人员进行维护与操作。

由此可见，实现有源噪声控制系统要达到普遍使用的目标还需要各方面技术人员的不懈努力。

1.5.2 新型减振材料——磁流变弹性体

磁流变材料是一类具有流变特性的智能材料，在磁场的作用下，其流变特性可发生连续、迅速和可逆的变化。近年来对磁流变材料的研究引起了学术界和工业界的普遍关注。磁流变弹性体是在磁流变液的基础上发展起来的，将磁流变液中的液态母体用弹性体材料代替，即可制备成磁性粒子分散在弹性体中的复合材料。其与磁流变液相比，不仅保持了可逆、可控、响应快等特性，还具有稳定性好、不易磨损和不易沉降等优点，被广泛用于航空、运输、机械、能源等领域。另外，由于其具备优异的力学性能，在吸振隔振、振动控制以及应力位移传感器方面也发挥了十分重要的作用。磁流变弹性体隔振器件能在较宽的频率范围内降低振动传递率，对于复杂工况下变配电设备的振动噪声控制具有极高的研究和应用价值。

1.5.2.1 隔振原理

磁流变弹性体具有磁致效应，即在磁场作用下，磁流变弹性体内部颗粒被磁化后产生相互作用力。当磁流变弹性体受到形变时，这些磁力在其内部形成反向力矩，增强材料抵抗变形能力。这种能力随着磁场变化而变化，宏观上表现为磁流变弹性体弹性模量随磁场变化。随着外加磁场的增加，磁流变弹性体的弹性模量变大，在受力方向上的刚度也随之变大，从而导致系统的固有频率增大。

磁流变弹性体隔振器的隔振原理，就是通过控制通电线圈电流的大小改变磁场的强度，从而控制磁流变弹性体的弹性模量，最终达到控制隔振系统的固有频率的目的，使之远离外界激励的频率，减小被保护对象的振动。

1.5.2.2 应用进展

美国内华达大学的 Opie 设计了三明治式结构的磁流变弹性体隔振器，采用永磁场和电磁场耦合的方式增强隔振器的磁控范围。实验结果表明，采用 SA 控制后，较被动情况下其共振峰和载荷速度减少约 16%～30%。Behrooz 利用 MRE 设计了可变刚度和阻尼的横向隔振器。该隔振系统在 0～3A 电流输入下，隔振器的刚度和阻尼分别变化了 30% 和 10%。美国的 Advanced Materials and Devices 公司设计了压缩型磁流变弹性体隔振器，该隔振器静态压缩刚度变化量可达 90%，动态刚度变化为 27%。

基于磁流变弹性体优秀的力学特性，在设备减振降噪方面具有独特的优势，目前磁流变弹性体已成功用于减振降噪领域。在悬挂系统、吸振器等方面已经显示出广阔的应用前景，未来在输变电工程项目中的应用也将越广泛。

超标噪声源分析及测试

目前较常见的变电站大多为高压变电站，在城市和农村区域广泛分布。500kV 及以上电压等级变电站为超高压变电站，通常位于城郊或农村区域。这些变电站产生的噪声，不可避免地会对站内的工作人员和附近的居民及环境产生影响。在日益注重环境保护的今天，为减少噪声对人们和环境的影响，对变电站内的超标噪声源进行监测分析，并通过一系列的降噪措施对变电站进行升级改造显得愈发重要。

2.1 超标声源判别与分析

2.1.1 变电站噪声超标原因分析

变电站噪声超标主要原因有以下几方面：

（1）变电站主变压器噪声过大。目前 110kV 变电站主变压器噪声水平主要集中在 60～70dB（A），220kV 变电站主变压器噪声水平在 65～75dB（A），330、500、750kV 变电站主变压器噪声水平在 70～80dB（A），1000kV 变电站主变压器噪声水平在 90～100dB（A），这表明主变压器噪声水平与电压等级有关，随着电压等级的升高噪声水平逐渐增大。若在设计过程中未采用低噪声设备，或者变压器运行时间过长、设备老化等，都会导致变压器噪声过大。

（2）变电站所处的声功能区级别提高。变电站所处的声功能区级别决定了噪声排放所采取的标准，随着城市规模的发展，以前四周空旷的变电站逐渐被居民楼等环境敏感目标包围，其声功能级随之提高，噪声排放标准也随之提高，由此导致部分变电站厂界噪声超标。

（3）变电站设备布置不合理。一些变电站平面布置不合理，主变压器过于靠近一侧围墙，导致厂界噪声超标。在设计时应合理进行平面布置，将主要噪声源布置在变电站中央或尽量靠近噪声排放标准较宽松的一侧。

（4）高压电抗器噪声。高压电抗器噪声主要是由于电抗器内铁芯块在交流电的作用下产生交变磁场，使相邻铁芯块相互接触面在任何交变瞬间都相吸，因此交变磁场中引起铁芯块弹性变形而产生机械振动。电抗器产生的噪声不稳定，当系统低负荷时噪声小，而高负荷时噪声较高。在 330kV 及以上电压等级变电站中，电抗器作为变电站主要噪声源，由于距离厂界较近导致厂界噪声超标的现象较为普遍。

（5）其他原因。对于 110kV 和 220kV 城市变电站，其厂界噪声超标是由主变压器噪声过大及平面布置设计紧凑二者综合作用的结果。对于高电压等级的 500、750、1000kV 变电站，其厂界噪声超标主要是由电抗器噪声以及高压出线电晕噪声综合作用引起的。

2.1.2 变电站超标噪声评价标准

1. 《声环境质量标准》(GB 3096—2008)

《声环境质量标准》规定了五类声环境功能区的划分和乡村声环境功能的确定及相应的环境噪声限值，并从测量仪器和测点选择等方面详细介绍了噪声监测的方法和要求。该标准适用于声环境质量评价与管理，变电站的新建及改扩建项目声环境区域的确定和噪声监测可参照该标准进行。

由于各项目所处声环境区域的等级不同，因此环境噪声限值有较大的差别，且昼间和夜间也一般相差 10dB。声环境功能区的环境噪声限值如表 2-1 所示。

表 2-1　　　　　　　　　　　声环境功能区环境噪声限值　　　　　　　　　　dB(A)

声环境功能区类别		时段	
		昼间	夜间
0 类		50	40
1 类		55	45
2 类		60	50
3 类		65	55
4 类	4a 类	70	55
	4b 类	70	60

声环境功能区划分具体如下：

(1) 0 类声环境功能区：指康复疗养区等特别需要安静的区域。

(2) 1 类声环境功能区：指以居民住宅、医疗卫生、文化教育、科研设计、行政办公为主要功能，需要保持安静的区域。

(3) 2 类声环境功能区：指以商业金融、集市贸易为主要功能，或者居住、商业、工业混杂，需要维护住宅安静的区域。

(4) 3 类声环境功能区：指以工业生产、仓储物流为主要功能，需要防止工业噪声对周围环境产生严重影响的区域。

(5) 4 类声环境功能区：指交通干线两侧一定距离之内，需要防止工业噪声对周围环境产生严重影响的区域，包括 4a 类和 4b 类两种类型。4a 类为高速公路、一级公路、二级公路、城市快速路、城市主干路、城市轨道交通（地面段）、内河航道两侧区域；4b 类为铁路干线两侧区域。

2. 《工业企业厂界环境噪声排放标准》(GB 12348—2008)

《工业企业厂界环境噪声排放标准》主要规定了工业企业厂界和固定设备室内噪声排放限值及其测量方法。适用于工业企业噪声排放的管理、评价及控制。

变电站或换流站厂界噪声评价限值时可参照"工业企业厂界环境噪声排放限值"执行，如表 2-2 所示。居民楼内的户内变电站或配电房所引起的结构传声评价限值应参照"结构传播固定设备室内噪声排放限值（等效声级）"（表 2-3）与"结构传播固定设备室内噪声排放限值（倍频带声压级）"（表 2-4）执行。

表 2-2　　　　　　　　　　　工业企业厂界环境噪声排放限值　　　　　　　　　　　dB（A）

声环境功能区类别	时段	
	昼间	夜间
0 类	50	40
1 类	55	45
2 类	60	50
3 类	65	55
4 类	70	55

表 2-3　　　　　　　结构传播固定设备室内噪声排放限值（等效声级）　　　　　　　dB（A）

噪声敏感建筑物环境所处功能区类别	A 类房间		B 类房间	
	昼间	夜间	昼间	夜间
0 类	40	30	40	30
1 类	40	30	45	35
2 类、3 类、4 类	45	35	50	40

注　A 类房间是指以睡眠为主要目的，需要保证夜间安静的房间，包括住宅卧室、医院病房、宾馆客房等。B 类房间是指主要在昼间使用，需要保证思考与精神集中、正常讲话不被干扰的房间，包括学校教室、办公室、住宅中卧室以外的其他房间等。

表 2-4　　　　　　　结构传播固定设备室内噪声排放限值（倍频带声压级）

噪声敏感建筑物环境所处功能区类别	时段	倍频程中心频率（Hz） 房间类型	室内噪声倍频带声压级限值				
			31.5	63	125	250	500
0 类	昼间	A 类房间、B 类房间	76	59	48	39	34
	夜间	A 类房间、B 类房间	69	51	39	30	24
1 类	昼间	A 类房间	76	59	48	39	34
		B 类房间	79	63	52	44	38
	夜间	A 类房间	69	51	39	30	24
		B 类房间	72	55	43	35	29
2 类、3 类、4 类	昼间	A 类房间	79	63	52	44	38
		B 类房间	82	67	56	49	34
	夜间	A 类房间	72	55	43	35	29
		B 类房间	76	59	48	39	34

输变电工程中的变电站、换流站等站点及居民楼的户内变电站、配电房等设施，均需按照该标准要求进行噪声监测，确保噪声达标。

3. 《建设项目竣工环境保护验收技术规范输变电工程》（HJ 705—2014）

《建设项目竣工环境保护验收技术规范输变电工程》规定了输变电工程建设项目竣工环境保护验收调查的内容和方法。适用于 110kV 及以上电压等级的交流输变电项目、±100kV 及以上电压等级的直流输电工程建设项目竣工环境保护验收调查工作。

噪声作为输变电工程竣工环境保护验收的重要环境监测因子之一，它也因此成为输变电工程建设项目竣工环境保护验收时的重要调查对象。声环境调查内容主要包括噪声源调查、声环境功能区划调查和噪声防治措施调查。噪声源调查是调查变电站主要噪声源和主要背景噪声源情况；声环境功能区划调查是调查工程所在区域环境影响评价阶段和验收调查阶段的声环境功能区划情况；噪声防治措施调查是调查工程环境影响评价文件及其审批文件、设计文件要求的噪声防治措施落实情况等。声环境监测要求变电站、换流站、开关站、串补站厂界噪声监测点应符合《工业企业厂界环境噪声排放标准》（GB 12348—2008）要求，监测点应尽量靠近站内高噪声设备；如有超标现象，应沿噪声衰减方向合理布点监测至噪声小于标准值处。声环境敏感目标噪声的监测应符合日、夜间各监测一次，并附监测点位图。

4.《环境影响评价技术导则　声环境》（HJ 2.4—2009）

该标准规定了声环境影响评价的一般性原则、内容、工作程序、方法和要求，适用于建设项目声环境影响评价及规划环境影响评价中的声环境影响评价，为变电站建设工程中的环境影响评价工作提供指导规范。

根据该标准声环境影响评价工作等级一般分为三级，一级为详细评价，二级为一般性评价，三级为简要评价。其中评价范围内有适用于 GB 3096 规定的 0 类声环境功能区域，以及对噪声有特别限制要求的保护区等敏感目标，或项目建设前后评价范围内敏感目标噪声级增高量达 5dB(A) 以上［不含 5dB(A)］，或受影响人口数量显著增多时，按一级评价。项目所处的声环境功能区为 GB 3096 规定的 1 类、2 类地区，或项目建设前后评价范围内敏感目标噪声级增高量达 3～5dB(A)［含 5dB(A)］，或受噪声影响人口数量增加较多时，按二级评价。项目所处的声环境功能区为 GB 3096 规定的 3 类、4 类地区，或项目建设前后评价范围内敏感目标噪声级增高量在 3dB(A) 以下［不含 3dB(A)］，且受影响人口数量变化不大时，按三级评价。在确定评价工作等级时，如项目符合两个以上级别的划分原则，则按较高级别的评价等级评价。

城市变电站站点选址时，宜选择城市工业区、仓储物流区或交通干线两侧一定距离之内，远离康复疗养、居民住宅、医疗卫生、文化教育、科研设计、行政办公等声环境质量要求较高的区域；而乡村变电站站点选址时，选择在交通干线、等级公路两侧一定区域或乡村工业、仓储集中区、集镇边缘进行布置。另外，乡村变电站站点选址时可先与当地环境保护主管部门进行协商，确定变电站所在地应执行的声环境功能区类别及相应的声环境标准。

5.《电力变压器　第 10 部分：声级测定》（GB 1094.10—2003）

该标准主要规定声压和声强的测量方法，并以此来确定变压器、电抗器及其所属冷却设备的声功率，此部分主要适用于在工厂进行的噪声测量。

（1）声压法。试验环境应是一个在一反射面之上的近似自由场。理想的试验环境是使测量表面位于一个基本不受邻近物体或环境边界反射干扰的声场内，因此反射物体（支撑面除外）应尽可能远离试品，不允许在变压器油箱内或保护外壳内进行声级测量。

1）未修正的平均声压级计算。未修正的平均 A 计权声压级 L_{pA0}，应由在试品供电时于各测点上测得的 A 计权声压级 L_{pAi} 按式（2-1）计算：

$$L_{pA0} = 10\lg\Big(\frac{1}{N}\sum_{i=1}^{N}10^{0.1L_{pAi}}\Big) \tag{2-1}$$

式中：N 为测点总数。

当各 L_{pAi} 值间的差别不大于 5dB 时，可用简单的算术平均值来计算。此平均值与按式

（2-1）计算出的值之差不大于 0.7dB。

背景噪声的平均 A 计权声压级 L_{bgA}，应根据试验前、后的各测量值分别按式（2-2）计算：

$$L_{bgA} = 10\lg\left(\frac{1}{M}\sum_{i=1}^{M}10^{0.1L_{bgAi}}\right) \qquad (2-2)$$

式中：M 为测点总数；L_{bgAi} 为各测点上测得的背景噪声 A 计权声压级。

如果试验前、后背景的平均声压级之差大于 3dB，且较高者与未修正的平均 A 计权声压级之差小于 8dB，则本次测量无效，应重新进行试验。但是，当未修正的平均 A 计权声压级小于保证值时除外。此时，应认为试品符合声级保证值的要求。这种情况应在试验报告中予以记录。

如果这两个背景噪声平均 A 计权声压级中的较高者，与未修正的平均 A 计权声压级之差小于 3dB，则本次测量无效，应重新进行试验。但是，当未修正的平均 A 计权声压级小于保证值时除外。此时，应认为试品符合声级保证值的要求。这种情况应在试验报告中予以记录。

虽然标准允许试品与背景的合成声级同背景声级之间有小的差值，但仍需尽力使其差值不小于 6dB。当背景声级与合成声级之差小于 3dB 时，应考虑用其他测量方法进行测量。

2）修正后的平均声压级。修正的平均 A 计权声压级 L_{pA} 应按式（2-3）计算：

$$L_{pA} = 10\lg(10^{0.1L_{pA0}} - 10^{0.1L_{bgA}}) - K \qquad (2-3)$$

式中：K 为噪声修正值；L_{bgA} 为两个计算出的背景噪声平均 A 计权声压级中的较小者。

环境修正值 K 的最大允许值为 7dB。

（2）声强法。试验环境应是一个在一反射面之上的近似自由场。理想的试验环境应是使测量表面位于一个基本不受邻近物体或该环境边界反射干扰的声场内，因此反射物体（支撑面除外）应尽可能远离试品。但是，使用声强法允许在距试品规定轮廓线至少为 1.2m 处有两面反射墙壁，此时仍能进行准确测量。如果有三面反射墙壁，它们距试品规定轮廓线的距离至少为 1.8m。不允许在变压器油箱内或保护外壳内进行测量。

测量应在背景噪声值近似恒定时进行。平均 A 计权声强级 L_{IA}，应由在试品供电时于各测点上测得的 A 计权法声强级 L_{IAi} 按式（2-4）计算：

$$L_{IA} = 10\lg\left[\frac{1}{N}\sum_{i=1}^{N}\text{sign}(L_{IAi})10^{0.1|L_{IAi}|}\right] \qquad (2-4)$$

判定试验环境和背景噪声是否可以接受的准则 ΔL 按式（2-5）计算：

$$\Delta L = L_{pA0} - L_{IA} \qquad (2-5)$$

为了保持标准偏差不超过 3dB，ΔL 的最大允许值应为 8dB(A)。

（3）声功率级计算。试品的 A 计权声功率级 L_{WA}，应由修正的平均 A 计权声压级 L_{pA} 或由平均 A 计权声强级 L_{IA}，分别按式（2-6）或式（2-7）计算：

$$L_{WA} = L_{pA} + 10\lg\frac{S}{S_0} \qquad (2-6)$$

$$L_{WA} = L_{IA} + 10\lg\frac{S}{S_0} \qquad (2-7)$$

式中：S 为测量表面积（m^2）；S_0 为基准参考面积（$1m^2$）。

对于冷却设备直接安装在油箱上的变压器，其冷却设备的声功率级 L_{WA0} 按式（2-8）计算：

$$L_{WA0} = 10\lg(10^{0.1L_{WA1}} - 10^{0.1L_{WA2}}) \qquad (2\text{-}8)$$

式中：L_{WA1} 为变压器和冷却设备的声功率级；L_{WA2} 为变压器的声功率级。

如果已知冷却设备中各风扇和油泵的声功率级，则冷却设备的总声功率级可根据能量关系通过将各声功率级相加的办法求得。采用这种方法确定冷却设备声功率级，需经制造单位和用户协商同意。

对于冷却设备为独立安装的变压器，变压器和冷却设备的声功率级 L_{WA1} 按式（2-9）计算：

$$L_{WA1} = 10\lg(10^{0.1L_{WA0}} + 10^{0.1L_{WA2}}) \qquad (2\text{-}9)$$

式中：L_{WA0} 为变压器的声功率级；L_{WA2} 为冷却设备的声功率级。

6.《声学　户外声传播衰减　第1部分：大气声吸收的计算》（GB/T 17247.1—2000）

该标准规定了各种气象条件下，户外声源发出的声音，经过大气传播时，大气吸收引起的声衰减的计算方法。对于纯音，大气吸收衰减用与四个变量即声音频率、大气温度、湿度和气压有关的衰减系数表示，计算所得衰减以表列出。对于特殊用途的更宽的变量范围，例如缩尺模型研究中的超声源和声音由高处向地面传播时的低气压，也提出了计算公式。

该标准用于室外变电站、换流站等的噪声在大气吸收所引起的声衰减的情况下的噪声计算。

7.《声学　户外声传播衰减　第2部分：一般计算方法》（GB/T 17247.2—1998）

该标准规定了计算户外声传播衰减的工程法，以预测各种类型声源在远处所形成的环境噪声级。此方法可预测已知噪声发射声源在有利于传播的气象条件下的等效连续A声级。

该标准规定的方法特别包括倍频带算法（用63Hz～8kHz的标称频带中心频率）以计算发源于点声源或点声源组的声衰减，这些声源可以是移动的或者是固定的，算法中提供规定的项目由以下的物理效应，如几何发散、大气吸收、地面效应、表面反射、障碍物引起的衰减计算。

2.1.3　变电站噪声预测

依据《变电站噪声控制技术导则》（DL/T 1518—2016）中的规定及要求。变电站噪声预测的范围应包括厂界及噪声敏感建筑物；当噪声敏感建筑物高于（含）三层时，还应对噪声敏感建筑物垂直方向的噪声进行预测。

变电站噪声预测可按照公式或采用成熟软件进行计算。噪声源参数采用实测数据或厂家提供的同型号设备参数；当实测数据和厂家资料难以获得时，可参考表2-5的噪声参数。

表 2-5　　　　110～1000kV 主变压器（高压电抗器）声压级、声功率级及频谱

设备	电压等级(kV)	冷却方式	声压级[dB(A)]	声功率级[dB(A)]	频谱（dB）							
					63 (Hz)	125 (Hz)	250 (Hz)	500 (Hz)	1 (kHz)	2 (kHz)	4 (kHz)	8 (kHz)
主变压器	110	油浸自冷	63.7	82.9	45.7	58.3	57.9	65.6	55.6	48.2	46.1	40.3
	220	油浸自冷	65.2	88.5	48.9	59.3	60.4	67.1	56.1	51.5	46.9	43.2
		油浸自冷/风冷	67.9	91.2	49.1	62.4	65.6	69.7	57.8	55.2	47.4	42.2
	330	强迫油循环风冷	69.7	93.3	50.4	65.1	68.5	71.5	58.4	57.3	48.5	40.3

设备	电压等级(kV)	冷却方式	声压级[dB(A)]	声功率级[dB(A)]	频谱（dB）							
					63(Hz)	125(Hz)	250(Hz)	500(Hz)	1(kHz)	2(kHz)	4(kHz)	8(kHz)
主变压器	500	油浸自冷/风冷	72.4	95.5	52.3	72.7	71.3	74.3	60.3	58.1	49.7	41.5
	500	强迫油循环风冷	74.4	97.5	55.1	74.2	72.6	76.3	63.5	60.2	51.6	45.3
	750	强迫油循环风冷	75.2	98.6	68.2	76.2	75.4	76.3	65.9	62.6	53.7	45
	1000	强迫油循环风冷	80.4	108.3	79.1	83.4	79.7	80.7	74.4	67	61.4	55.3
高压电抗器	330	单相油浸自冷	64.0	82.0	63.4	65.9	70.9	50.6	56.6	49.2	45.7	44.3
	500	单相油浸自冷	68.7	88.3	66.2	68.3	75.4	60.8	61.5	53.9	49.5	45.2
	750	单相油浸自冷	72.0	93.4	70.9	73.5	78.7	64.3	64.7	55.7	51.3	45.3
	1000	强迫油循环风冷	74.0	99.3	74.9	76.2	80.6	67.7	66.2	58.2	55.2	46.7

注 变压器（高压电抗器）声压级、声功率级及频谱为设备正常运行时距设备 1.0m 处 1/2 高度测量值。

当噪声源位于室内时，可将室内声源等效为室外声源处理。

2.1.3.1 声源

声环境影响预测一般采用声源的倍频带声功率级、A 声功率级或靠近声源某一位置的倍频带声压级、A 声级来预测计算距声源不同距离的声级。变电站噪声预测时，对于已招标设备，可由厂家提供相同型号设备声压级、声功率级或频谱作为噪声输入源。对于未招标设备，可参考表 2-5 的数值进行参数设置。

在变电站噪声影响预测计算中，可根据预测点和声源之间的距离，将声源划分为点声源、面声源后进行预测。变电站内主变压器和高压电抗器一般简化为组合面声源，面源尺寸可按表 2-6 计算。风机、站用变压器和低压电抗器可简化为点声源。计算户外变电站的远场噪声预测值时，变压器、电抗器、风机等均可简化为点声源。

表 2-6   **110～1000kV 主变压器（高压电抗器）面声源大小和高度**   m

声源	1000kV变压器	1000kV高压电抗器	750kV主变压器	750kV高压电抗器	500kV 主变压器		500kV高压电抗器	330kV变压器	330kV高压电抗器	220kV主变压器	110kV主变压器
					单相	三相					
长	15.0	12.0	10.0	7.5	8.0	6.0	5.0	10.4	6.0	10.0	5.0
宽	12.0	8.0	7.0	5.3	7.0	5.0	4.0	8.0	4.0	8.5	4.0
高	8.0	6.0	4.5	3.9	5.0	5.0	4.0	4.0	2.0	3.5	3.5

变电站声源有室外和室内两种声源，应分别计算。

2.1.3.2 单个室外点声源产生的声压级计算

如已知声源的倍频带声功率级（63Hz～8kHz 标称频带中心频率的 8 个倍频带），预测点位置的倍频带声压级 $L_p(r)$ 可按式（2-10）计算：

$$L_p(r) = L_w + D_c - A \tag{2-10}$$

其中
$$A = A_{div} + A_{atm} + A_{gr} + A_{bar} + A_{misc}$$

式中：$L_p(r)$ 为预测点位置的倍频带声压级（dB）；L_w 为倍频带声功率级（dB）；D_c 为指向性校正（dB）；A 为倍频带衰减（dB）；A_{div} 为几何发散引起的倍频带衰减（dB）；A_{atm} 为大气吸收引起的倍频带衰减（dB）；A_{gr} 为地面效应引起的倍频带衰减（dB）；A_{bar} 为声屏障引起的倍频带衰减（dB）；A_{misc} 为其他多方面效应引起的倍频带衰减（dB）。

指向性校正 D_c 描述点声源的等效连续声压级与产生声功率级 L_w 的全向点声源在规定方

向的级的偏差程度。

2.1.3.3　室内声源等效室外声源声功率级计算方法

户内变电站的变压器等声源位于室内，室内声源可采用等效室外声源声功率级法进行计算。设靠近开口处（或窗户）室内、室外某倍频带的声压级分别为 L_{p1} 和 L_{p2}，若声源所在室内声场为近似扩散声场，则室外的倍频带声压级可按式（2-11）近似求出：

$$L_{p2} = L_{p1} - (R + 6) \tag{2-11}$$

式中：R 为隔墙（或窗户）倍频带的隔声量（dB）。

某一室内声源靠近围护结构处产生的倍频带声压级可按式（2-12）计算：

$$L_{p1} = L_w + 10\lg\left(\frac{R_\theta}{4\pi r^2} + \frac{4}{R_y}\right) \tag{2-12}$$

其中

$$R_y = \frac{s\bar{\alpha}}{1 - \bar{\alpha}}$$

式中：R_θ 为指向性因数，通常对无指向性声源，当声源放在房间中心时，$R_\theta = 1$，当声源放在一面墙的中心时，$R_\theta = 2$，当声源放在两面墙夹角处时，$R_\theta = 4$，当放在三面墙夹角处时，$R_\theta = 8$；r 为预测点（靠近围护结构某点处）到声源的距离（m）；R_y 为房间常数（表示房间对声音的吸声处理能力的大小）；S 为房间内表面面积，（m²）；$\bar{\alpha}$ 为房间内表面上的平均吸声系数。

按式（2-13）计算出所有室内声源在围护结构处产生的 i 倍频带叠加声压级：

$$L_{pli}(T) = 10\lg\sum_{j=1}^{N} 10^{0.1L_{plij}} \tag{2-13}$$

式中：$L_{pli}(T)$ 为靠近围护结构处室内 N 个声源 i 倍频带的叠加声压级（dB）；L_{plij} 为室内 j 声源 i 倍频带的声压级（dB）；N 为室内声源总数。

在室内近似为扩散声场时，按式（2-14）计算出靠近室外围护结构处的声压级：

$$L_{p2i}(T) = L_{pli}(T) - (R_i + 6) \tag{2-14}$$

式中：$L_{p2i}(T)$ 为靠近围护结构处室外 N 个声源 i 倍频带的叠加声压级（dB）；R_i 为围护结构 i 倍频带的隔声量（dB）。

然后按式（2-15）将室外声源的声压级和透过面积换算成等效的室外声源，计算出中心位置位于透声面积（S）处的等效声源的倍频带声功率级：

$$L_w = L_{p2}(T) + 10\lg S \tag{2-15}$$

最后按室外声源预测方法计算预测点处的 A 声级。

2.1.3.4　靠近声源处的预测点噪声预测模式

如已知靠近声源处某点的倍频带声压级 $L_p(r_0)$ 时，相同方向预测点位置的倍频带声压级 $L_p(r)$ 可按式（2-16）计算：

$$L_p(r) = L_p(r_0) - A \tag{2-16}$$

如预测点在靠近声源处，但不能满足点声源条件时，需按线声源或面声源模式计算。

2.1.3.5　预测点处 A 声级计算

预测点的 A 声级 $L_A(r)$，可利用 8 个倍频带的声压级按式（2-17）计算：

$$L_A(r) = 10\lg\sum_{i=1}^{8} 10^{0.1[L_{pi}(r) - \Delta L_i]} \tag{2-17}$$

式中：$L_A(r)$ 为预测点的 A 声级 [dB（A）]；$L_{pi}(r)$ 为预测点（r）处第 i 倍频带声压级

（dB）；ΔL_i 为 i 倍频带 A 计权网络修正值（dB）。

2.1.3.6　预测值计算

预测点的预测等效声级（L_{eg}）用式（2-18）计算：

$$L_{eg} = 10\lg(10^{0.1L_{eqg}} + 10^{0.1L_{eqb}})\qquad(2\text{-}18)$$

式中：L_{eqg} 为变电站内多个声源对预测点产生的贡献值 [dB（A）]；L_{eqb} 为预测点的背景值 [dB（A）]。

2.2　各类声源测量方法及内容

2.2.1　声源测量要求

声源测量应根据《声环境质量标准》（GB 3096—2008）、《工业企业厂界环境噪声排放标准》（GB 12348—2008）和《高压交流变电站可听噪声测量方法》（DL/T 1327-2014）中规定的测试要求进行。

2.2.1.1　仪器要求

测量仪器为积分平均声级计或环境噪声自动监测仪，其性能应不低于《电声学　声级计第 1 部分：规范》（GB/T 3785）和《积分平均声级计》（GB/T 17181）对 2 型仪器的要求。测量 35dB 以下的噪声应使用 1 型声级计，且测量范围应满足所测量噪声的需要。校准所用仪器应符合《电声学　声校准器》（GB/T 15173）对 1 级或 2 级声校准器的要求。当需要进行噪声的频谱分析时，仪器性能应符合《电声学　倍频程和分数倍频程滤波器》（GB/T 3241）中对滤波器的要求，仪器应具有 1/3 倍频程的噪声频谱分析功能。

测量仪器和校准仪器应定期检定合格，并在有效使用期限内使用；每次测量前、后必须在测量现场进行声学校准，其前、后校准示值偏差不得大于 0.5dB，否则测量结果无效。测量时传声器加防风罩。测量仪器时间计权特性设为"F"挡，采样时间间隔不大于 1s。

2.2.1.2　气象要求

户外测试应在无雨雪、无雷电天气、风速低于 5m/s 时进行测量，测试噪声时传声器加防风罩，雨、雪、雷电天气或风速超过 5m/s 应暂停测试；必须在特殊气象条件下测量时，应采取必要措施保证测量准确性，同时注明当时所采取的措施及气象情况。

2.2.2　各类声源测量方法

变电站噪声的测量应根据《高压交流变电站可听噪声测量方法》（DL/T 1327—2014）、《工业企业厂界环境噪声排放标准》（GB 12348—2008）、《声环境质量标准》（GB 3096—2008）、《环境噪声监测技术规范　噪声测量值修正》（HJ 706—2014）等标准中规定的方法及要求进行。

2.2.2.1　设备噪声

（1）设备噪声测量测点选择应符合下列原则。

1）应满足设备及人身安全的要求。

2）变电站主要噪声源（主变压器、电抗器、通风风机等）产生的噪声，应在设备四周 1m 的间距设置测点进行测量，应标明噪声测量最大值的位置；若相邻两点之间的差值大于 3dB（A），应在两点间增加测点。

3）测量仪器应设置在大于设备水平距离 1m、距地面高度应大于 1.2m、距任一反射面应不小于 1m 的位置。

4）若户内变电站测量时不能满足选点原则，应标明测量仪器距反射面的距离。

（2）应在测点处进行 1min 等效连续 A 声级（L_{eq}）测量。必要时，应在设备噪声最大值处及其他点位处进行 1/3 倍频程噪声频谱分析。

2.2.2.2 作业场所噪声

（1）作业场所噪声测点选择应符合下列原则：

1）应满足设备及人身安全要求。

2）应选在操作者作业处或巡检路线上有代表性的地点。

3）应按变电站电压等级进行选点，测点选择应涵盖 35kV 及以上不同电压等级的设备区域，测点设置应符合下列要求：①220kV 及以下电压等级的变电站布置 3～6 个监测点；②330～750kV 电压等级的变电站布置 6～10 个监测点；③1000kV 电压等级的变电站布置 8～12 个监测点；④测试中可根据变电站规模及测试要求适当增加监测点，测点位置应在变电站平面布置图中标注；⑤测试仪器距地面高度应大于 1.2m。

（2）应在测点处进行 1min 等连续 A 声级（L_{eq}）测量。必要时，可在交流变电站设备区域内选点进行 1/3 倍频程噪声频谱分析测量。

（3）控制室、继电保护室应在运行人员经常工作点位处选择一个测点进行 1min 等效连续 A 声级（L_{eq}）测量。

（4）办公室、休息室应在室内正中央选择一个测点进行 1min 等效连续 A 声级（L_{eq}）测量。

2.2.2.3 厂界噪声

（1）厂界噪声的测量选点应符合下列原则：

1）应在厂界四周均匀布点，每侧不应少于 2 个测点，相邻两点噪声测量差值应不大于 3dB(A)，若大于 3dB(A) 应加密布点。

2）避开进出线构架投影处。

3）测点靠近噪声较大设备的声波传播方向。

4）测点应选在厂界外 1m、高度 1.2m 以上、距任一反射面距离应不小于 1m 的位置；当厂界有围墙且周围有受影响的噪声敏感建筑物时，测点应选在厂界外 1m、高于墙 0.5m 以上的位置。

5）若厂界与噪声敏感建筑物相连且建筑物窗户朝向变电站，测点应选择在建筑物室内中央，并开窗进行测量；若噪声敏感建筑物高于 3 层（含 3 层），还应选取有代表性的不同楼层设置测点（至最大值）。

6）应根据周围噪声敏感建筑物的布局以及毗邻的区域类别，在交流变电站厂界适当增加测点，其中包括距噪声敏感建筑物较近以及受被测声源影响大的位置。

（2）应进行昼间和夜间 1min 等效连续 A 声级（L_{eq}）测量。

2.2.2.4 监测要求

（1）测量仪器传声器距地面高度应大于 1.2m，传声器应对准噪声源方向以测得最大值。应将仪器安装在专用支架上，传声器位置距地面高度应不变，读数时测量人员应距仪表 0.5m 以上。如不用支架，测量人员应将手臂伸直手持仪器，传声器对准噪声源方向，使仪表读数为最大，不应将仪表靠近身体，以免影响测量的准确度，读数时测量人员应距仪表 0.5m 以上。

（2）测量仪器时间计权特性设为"快"响应（"F"挡），其设计目标时间常数为 0.125s。

（3）每个测点宜统一使用 1min 的等效连续 A 声级测量值，单位为 dB(A)。各点测量次数不小于 3 次、每次测量时间间隔不大于 5min。

（4）噪声频谱测量应采用 1/3 倍频程，频谱分布图频率应涵盖 20Hz～20kHz 范围。

（5）测量应在被测声源正常工作时间进行，同时注明测量时的工况。

（6）对设备噪声和厂界噪声进行测量时，应同时测量背景噪声。

2.2.2.5　数据记录

1. 数据记录内容

（1）噪声测量时应做测量记录，记录至少应包括下列内容：

1）变电站名称、运行单位。

2）厂界所处声环境功能区类别。

3）测量时气象条件（风速、温度、相对湿度、海拔高度、地理位置等）。

4）测量仪器、校准仪器。

5）测点位置、测量时间、测量时段、仪器校准值（测前、测后）。

6）主要声源、测量运行工况。

7）示意图（厂界、声源、噪声敏感建筑物、测点等位置）。

8）噪声测量值、对应频谱、背景噪声值。

9）测量人员、校对人、审核人。

（2）测量数据可直接从声级计或其他测量仪表上读取，也可通过声级记录器记录于纸带上。读数时还应判断其他噪声干扰的来源和记录当时当地的声学环境。

2. 结果修正

对作业场所噪声可不进行修正，对设备噪声和厂界噪声的测量值应根据背景噪声值大小情况进行修正。

噪声测量值与背景噪声值相差大于 1dB(A) 时，噪声测量值可不做修正；噪声测量值与背景噪声值相差大于 1dB(A) 时，噪声测量值的修正按照下述规定的背景噪声测量及修正方法进行修正。

2.2.3　背景噪声测量及修正方法

变电站噪声测量过程中的背景噪声的测量方法、要求及噪声测量值的修正应根据 HJ 706—2014 中的要求进行。

（1）背景噪声测量方法。背景噪声的测量仪器、气象条件、测量环境与测量时段应遵循 GB 12348、GB 12523、GB 12525、GB 22337 等相应噪声源排放标准的规定和要求。

测量噪声源时宜在背景噪声较低、较稳定时测量，尽可能避开其他噪声源干扰。测量背景噪声与测量噪声源时声环境尽量保持一致。

若被测噪声源能够停止排放，则应在测量噪声源之前或之后尽快停止噪声源并测量背景噪声。背景噪声测点与噪声源测点位置相同。若被测噪声源有多个监测点位，应测量各个测点处的背景噪声。

若被测噪声源短时间内不能够停止排放，且噪声源停止前后的时间段内周围声环境已发生变化，则应另行选择与测量噪声源时声环境一致的时间测量背景噪声。测点位置同噪声源能够停止排放的测点布置。

若被测噪声源不能够停止排放，且存在背景噪声对照点，背景噪声可选择在背景噪声对照点测量。应详细记录背景噪声对照点的周边声源情况、测点布设及其他影响因素（如绿化带、地形、声屏障等），并与被测噪声源处相应信息进行比较。此方法仅用在背景噪声与噪声测量值相差 4.0dB 以上时，相差 4.0dB 以内时不得采用。

（2）噪声测量值与背景噪声值相差大于或等于 3dB 时的修正。计算噪声测量值与背景噪声值的差值，修约到个数位；噪声测量值与背景噪声值的差值大于 10dB 时，噪声测量值不做修正；噪声测量值与背景噪声值的差值在 3～10dB 之间时，按表 2-7 进行修正（噪声排放值＝噪声测量值＋修正值）。

表 2-7 噪声测量值修正表 dB(A)

差值	3	4～5	6～10
修正值	−3	−2	−1

（3）特殊情况的达标判定。对于只需判断噪声源排放是否达标的情况，若噪声测量值低于相应噪声源排放标准的限值，可以不进行背景噪声的测量及修正，注明后直接评价为达标。

噪声测量值与背景噪声值相差小于 3dB 时，应采取措施降低背景噪声后重新测量，使得噪声测量值与背景噪声值相差 3dB 以上，再按上述方法进行修正。对于仍无法满足噪声测量值与背景噪声值的差值大于或等于 3dB 要求的，应按照下述执行。

1）计算噪声测量值与被测噪声源排放限值的差值，修约到个数位。

2）噪声测量值与被测噪声源排放限值的差值小于或等于 4dB 时，按照表 2-8 给出定性结果，并评价为达标。

表 2-8 噪声测量值修正表 dB(A)

差值	修正结果	评价
≤4	＜排放限值	达标
≥5	无法评价	

3）噪声测量值与被测噪声源排放限值的差值大于或等于 5dB 时，无法对其达标情况进行评价，应创造条件重新测量。

（4）倍频带声压级修正。噪声倍频带声压级测量值的修正方法是，对背景噪声进行频谱分析，即测量背景噪声的各倍频带声压级，再视情况按本小节（2）和（3）规定的方法分别对每个倍频带测量值进行修正或达标判定。

（5）数值修约规则。根据 GB/T 8170—2008 的规定，数值进舍规则为：

1）拟舍弃数字的最左一位数字小于 5，则舍去，保留其余各位数字不变。

2）拟舍弃数字的最左一位数字大于 5，则进一，即保留数字的末位数字加 1。

3）拟舍弃数字的最左一位数字是 5，且其有非 0 数字时进一，即保留数字的末位数字加 1。

拟舍弃数字的最左一位数字为 5，且其后无数字或皆为 0 时，若所保留的末位数字为奇数则进一，若所保留的末位数字为偶数则舍去。

2.3 噪 声 超 标 案 例 分 析

2.3.1 某小区变电站噪声超标案例

2.3.1.1 工程概述

某小区 110kV 变电站受到周边居民投诉，反映变电站噪声大，影响休息。经监测核实，确实存在一定程度的噪声超标问题。

　　该 110kV 变电站位于居民小区旁，西侧与该小区共用围墙，北侧与另一小区共用围墙。本站仅主变压器为户外布置，变压器西面是普通钢板门，另外三面是高约 6m 砖墙，没有屋顶，与居民区侧的围墙之间距离约为 10m，且只有一扇铁门相隔。目前站内已投运 2 台主变压器。该变电站主变压器情况如表 2-9 所示。

表 2-9　　　　　　　　　　某小区变电站主变压器情况一览表

主变压器编号	型号	出厂日期	投运日期	额定电压（kV）	额定频率（Hz）	额定容量（MVA）
1#	SFZ 9—50000/110	1996.06	1998.06	110	50	50
2#	SFZ 9—50000/110	1996.06	1998.06	110	50	50

　　该变电站建于 1997 年，旁边小区均是近几年才建成。变电站平面示意图如图 2-1 所示，变电站周围现状如图 2-2 所示。

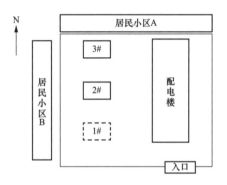

图 2-1　某小区变电站平面布置示意图

图 2-2　变电站主变压器周围现状图

[图中变电站左侧(W)、上侧(N)为居民小区、右部(E)为配电楼]

2.3.1.2　预期目标及标准依据

1. 预期目标

　　结合该变电站周边环境状况及噪声超标情况，有针对性地提出噪声治理方案，使变电站厂界噪声达到《工业企业厂界环境噪声排放标准》（GB 12348—2008）的 2 类标准，同时，以期实现环境敏感点噪声达到《声环境质量标准》（GB 3096—2008）中 2 类标准，即昼间不大于 60dB（A）、夜间不大于 50dB（A）。

2. 相关标准和规定

　　（1）《声环境质量标准》（GB 3096—2008）中的 2 类声环境功能区指以商业金融、集市贸易为主要功能，或者居住、商业、工业混杂，需要维护住宅安静的区域。本变电站附近区域主要为居住、商业混杂，执行 2 类质量标准。

　　（2）《工业企业厂界环境噪声排放标准》（GB 12348—2008）中的 2 类标准规定昼间不大于 60dB（A）、夜间不大于 50dB（A）。

2.3.1.3　超标噪声监测及分析

　　对该小区变电站现场进行实地勘察，根据相关标准要求对现场声环境进行测量，主要测点位置如图 2-3 所示。

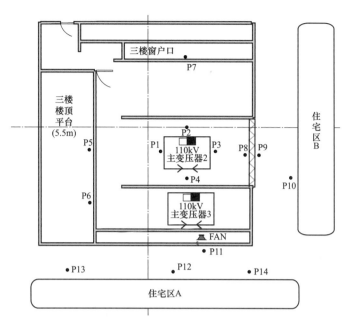

图 2-3　变电站主要噪声测点布置图

测点 P1~P4 布置于所测变压器的四个面，距变压器表面 1m、距地面高 1.5m，测试结果如图 2-4 所示。

由于测点 P3 对应的部位为普通钢板门，其测点声压级略低于其他测点，但总声压级仍达到 60dB(A) 以上，且此面距离住宅区 B 很近，因此隔声门的隔声性能对厂界及敏感点噪声值影响很大。

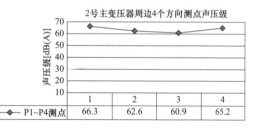

	1	2	3	4
P1~P4测点	66.3	62.6	60.9	65.2

图 2-4　测点 P1~P4 的声压级

测点 P1~P4 的频谱曲线对比如图 2-5 所示。

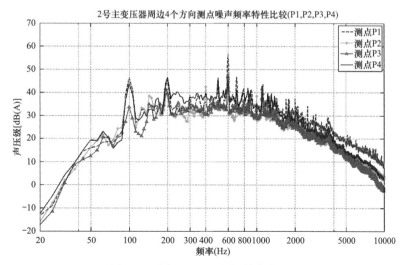

图 2-5　测点 P1~P4 的频谱曲线对比

从图 2-5 可以看出，此台变压器噪声能量主要分布于 50～1000Hz 的中低频段，其中峰值频率出现在 100、200、400、500、600Hz 等处，变压器辐射噪声以低频噪声为主。

为估计现有隔声门性能，布置测点 P8 和 P9 分别处于钢板门内外。测点声压级如表 2-10 所示。

表 2-10　　　　　　　　　　　隔声门内外测点的声压级及隔声量

测点	P8	P9
声压级［dB(A)］	61.3	54.4
隔声量［dB(A)］	6.9	

隔声门内外测点的频谱曲线对比如图 2-6 所示。

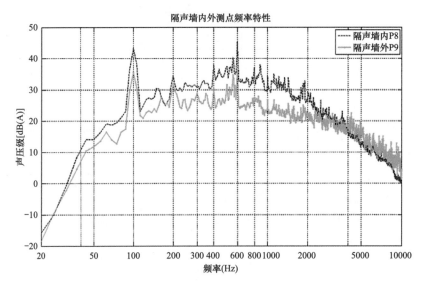

图 2-6　测点 P8～P9 的频谱曲线对比

该钢板门的隔声量远低于一般专业隔声门隔声量标准，另由图 2-6 可见，该隔声门对低频段特别是 100、200、400Hz 等的衰减效果不显著。

测点 P5～P7 均在变压器厂界所在大楼的楼顶测量，楼高为 6m 左右。其中测点 P5、P6 在变压器的正前方楼顶，测点 P7 在变压器的侧方楼顶。测点 P5～P7 的声压级如图 2-7 所示。

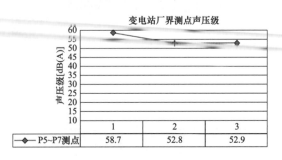

图 2-7　测点 P5～P7 的声压级

测点 P5 距离变压器直线距离约 8m，变压器顶部辐射的噪声可直达测点。据现场查勘，住宅区 B 的 4 楼住户与变压器的直线距离约 10m，同样受变压器直达噪声影响。因此测点 P5 声压级可间接反映敏感位置声压级，超标严重。测点 P6、P7 与变压器直线距离间有实墙阻断，所测声压级明显小于测点 P5，证明实墙对噪声的传播有阻隔作用。

测点 P5～P7 的频谱曲线对比如图 2-8 所示。

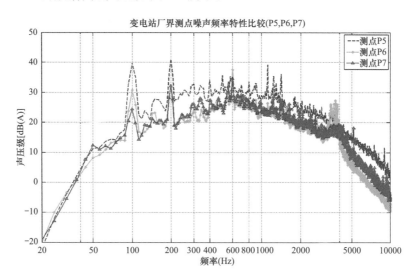

图 2-8　测点 P5～P7 的频谱曲线对比

测点 P5 反映变压器直达声，低频线谱特征明显；测点 P6、P7 反映经一部分的实墙阻隔后噪声频谱特性，可以看出在各频段均有降低。

测点 P12～P14 为厂界外住宅区 A 楼前的测点，测点 P10 为厂界外住宅区 B 楼前的测点，测得的声压级如图 2-9 所示。

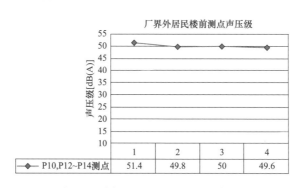

图 2-9　测点 P10，P12～P14 的声压级

厂界居民楼前测点声压级均在 50dB（A）左右，在仅运行一台主变压器且非满负荷工况下，厂界噪声值明显偏高。

上面 4 个厂界测点的频谱曲线如图 2-10 所示。

分析可知：①测点 P10 位于住宅区 B 低层区域，频谱特征中低频特征较明显，峰值频率为 100、200、600Hz，主要受主变压器辐射噪声的影响；②测点 P12～P14 为住宅区 A 前的测点，主要峰值频率为 100Hz 和 712.5Hz，其中 100Hz 为变压器辐射噪声，712.5Hz 为风机工作频率。

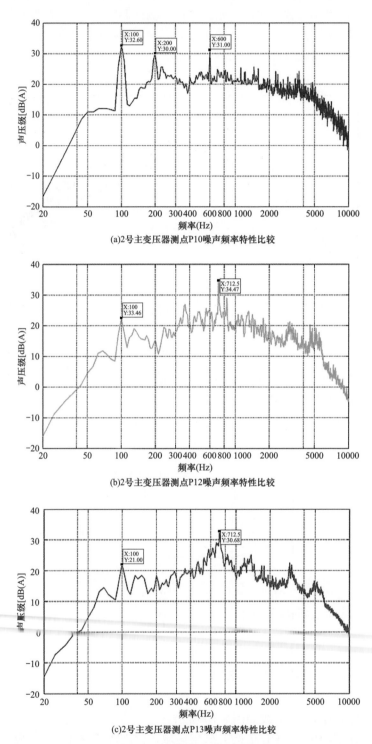

(a)2号主变压器测点P10噪声频率特性比较

(b)2号主变压器测点P12噪声频率特性比较

(c)2号主变压器测点P13噪声频率特性比较

图 2-10　厂界测点的频谱曲线（一）

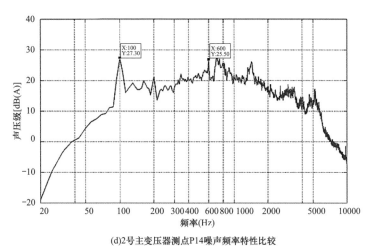

(d)2号主变压器测点P14噪声频率特性比较

图 2-10　厂界测点的频谱曲线（二）

在面向住宅区 A 厂界外墙上的风机上布置两个测点：测点 P11 在变电站围墙处，测点 P12 远离围墙的厂界处。两个测点的频谱特征如图 2-11 所示。

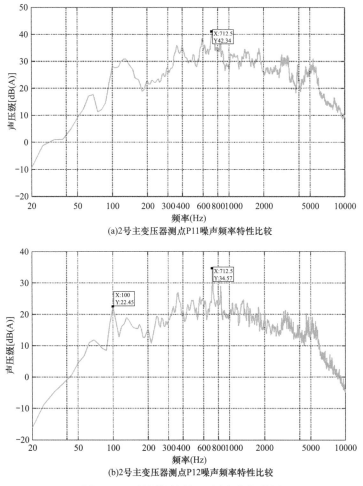

(a)2号主变压器测点P11噪声频率特性比较

(b)2号主变压器测点P12噪声频率特性比较

图 2-11　厂界外墙风机两测点的频谱图

分析可知：①测点 P11 的声压级为 60.3dB(A)，高于标准，其频谱特征表现为不具有低频段以 100Hz 为基频的线谱特性且频率峰值主要分布在中高频段，最大峰值出现在712.5Hz，此处因处于实墙声影响区，噪声以中高频为主，712.5Hz 为风机辐射噪声频率；②测点 P12 的频谱反映出对应厂界处主要受风机工作噪声影响，同时有变压器的低频噪声。

综上分析，该小区变电站北侧和东侧居民小区噪声超标的主要因素是：主变压器设备出厂日期早，本体噪声源强高，主变压器的低频（100、200、400Hz）噪声为环境的主要影响因素。从降噪措施上看，隔声门对低频噪声衰减效果不显著，同时主变压器周边墙体高度不够，且未采用相关吸声措施，致使周边噪声超标严重，甚至影响 3 号主变压器接下来扩建的环评手续办理。

该小区变电站的主变压器距离居民区非常近，且变电站处于地面层，居民楼相对位置高，噪声向上传播过程中无任何遮挡物屏蔽，噪声比较明显，衰减比较慢。

2.3.2 某乡村变电站噪声超标案例

2.3.2.1 工程概述

某 500kV 变电站位于乡村，变电站西侧及西南侧约 60m 为某村民居，其他各侧厂界周边均为农田。变电站于 2003 年 1 月正式开工，2005 年 1 月竣工投产，一期工程规模为 1×750MVA 主变压器（1 号主变压器）、1×150Mvar 高压电抗器、500kV 出线 4 回、220kV 出线 4 回、3×60Mvar 低压并联电抗器。后经多次扩建工程，目前规模为 2 组主变压器，容量分别为 750MVA（1 号主变压器）和 1000MVA（2 号主变压器），500kV 出线 10 回（含备用线路 1 回），无功补偿配置有 1×150Mvar 和 2×180Mvar 高压电抗器、3×60Mvar 低压并联电抗器、4×60Mvar 低压并联电容器。变电站暂无扩建计划。站区呈三列式布置，主变压器布置于站区中央，介于 500kV 配电装置和 220kV 配电装置之间。500kV 配电装置布置在站区西侧，向南、北两个方向出线；220kV 配电装置布置在站区东侧，向东方向出线；主控综合楼布置在站前区；继电器保护小室分别布置于配电装置场地内。目前站内无降噪措施。

2.3.2.2 项目预期目标及标准依据

1. 项目预期目标

厂界噪声满足《工业企业厂界环境噪声排放标准》（GB 12348—2008）中的 2 类限值要求［昼间 60dB(A)、夜间 50dB(A)］；居民敏感点满足《声环境质量标准》（GB 3096—2008）1 类标准［昼间 55dB(A)、夜间 45dB(A)］。

2. 标准依据

1)《声环境质量标准》（GB 3096—2008）。

2)《工业企业厂界环境噪声排放标准》（GB 12348—2008）。

3)《建筑结构荷载规范》（GB 50009—2012）。

4)《建筑地基基础设计规范》（GB 50007—2011）。

5)《混凝土结构设计规范》（GB 50010—2010）。

6)《钢结构设计规范》（GB 50017—2003）。

2.3.2.3 超标噪声监测及分析

1. 噪声监测

通过对该 500kV 变电站现场进行实地勘察，选择布点对现场声环境进行测量。变电站厂界及敏感点位置如图 2-12 所示。

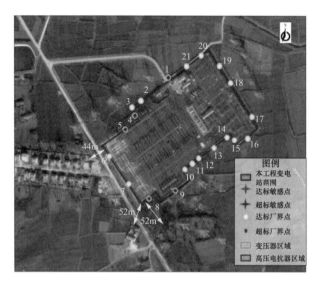

图 2-12　变电站厂界及敏感点测点位置示意图

对选择的敏感点及厂界的噪声进行测试，测试结果如表 2-11 和表 2-12 所示。

表 2-11 　　　　　　　　　　　　**敏感点噪声监测结果**

敏感点编号	相对位置（m）	噪声值［dB（A）］
1	西侧 44	43.3
2	西南 52	44.3
3	南侧 52	48.5

表 2-12 　　　　　　　　　　　　**厂 界 噪 声 监 测 结 果**

厂界测点编号	测点高度（m）	等效连续 A 声级［dB（A）］	厂界测点编号	测点高度（m）	等效连续 A 声级［dB（A）］
1	地面以上 1.2	51.1	12	地面以上 1.2	46.7
2	地面以上 1.2	48.3	13	地面以上 1.2	44.4
3	地面以上 1.2	48.5	14	地面以上 1.2	44.2
4	围墙以上 0.5	60.9	15	地面以上 1.2	46.3
5	围墙以上 0.5	50.8	16	地面以上 1.2	39.3
6	围墙以上 0.5	44.9	17	地面以上 1.2	38.5
7	围墙以上 0.5	49.3	18	地面以上 1.2	42.2
8	围墙以上 0.5	51.4	19	地面以上 1.2	40.3
9	围墙以上 0.5	58.4	20	地面以上 1.2	41.1
10	地面以上 1.2	49.2	21	地面以上 1.2	38.9
11	地面以上 1.2	46.7	—	—	—

由监测结果可知，厂界点 1、4、5、8、9 及南侧敏感点 3 存在噪声超标现象，厂界超标点等效连续 A 声级最高达 60.9dB(A)，超标严重。

2. 噪声超标原因分析

从超标的厂界点 1、4、5、8、9 及南侧敏感点 3 中选取有代表性的厂界点 1（见表 2-13）、4（见表 2-14）、9（见表 2-15）和敏感点 3（见表 2-16），以分析声源噪声贡献值的方式分析超标原因，贡献值排名靠前的设备即是造成该点超标的主要原因。可见，造成厂界点 1 超标的主要原因为 1 号主变压器 C 相，造成厂界点 4 超标的主要原因为一回高压电抗器 C 相，造成厂界点 9 超标的主要原因为二回高压电抗器，造成敏感点 3 超标的主要原因为一回和二回高压电抗器。

表 2-13　　　　　　　　　　　　厂界点 1 的声源噪声贡献排序

序号	声源	贡献值 [dB(A)]
1	1 号主变压器 C 相	45.5
2	1 号主变压器 B 相	38.9
3	1 回 A 相高压电抗器	37.7
4	1 回 B 相高压电抗器	36.4
5	1 号主变压器 A 相	36.0

表 2-14　　　　　　　　　　　　厂界点 4 的声源噪声贡献排序

序号	声源	贡献值 [dB(A)]
1	1 回 C 相高压电抗器	60.2
2	1 回 B 相高压电抗器	49.4
3	1 回 A 相高压电抗器	45.0
4	1 号主变压器 C 相	38.9
5	1 号主变压器 B 相	38.8

表 2-15　　　　　　　　　　　　厂界点 18 的声源噪声贡献排序

序号	声源	贡献值 [dB(A)]
1	二回 C 相高压电抗器	54.1
2	二回 B 相高压电抗器	53.6
3	二回 A 相高压电抗器	52.5
4	一回 A 相高压电抗器	51.6
5	一回 B 相高压电抗器	40.9

表 2-16　　　　　　　　　　　　敏感点 3 的声源噪声贡献排序

序号	声源	贡献值 [dB(A)]
1	一回 B 相高压电抗器	40.8
2	一回 A 相高压电抗器	40.6
3	一回 C 相高压电抗器	40.4

序号	声源	贡献值［dB(A)］
4	二回 B 相高压电抗器	39.8
5	二回 A 相高压电抗器	39.8

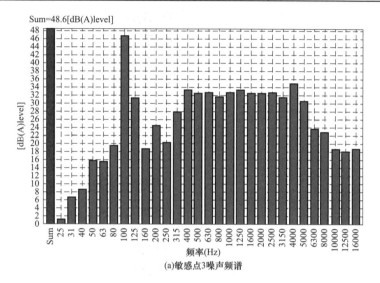

(a)敏感点3噪声频谱

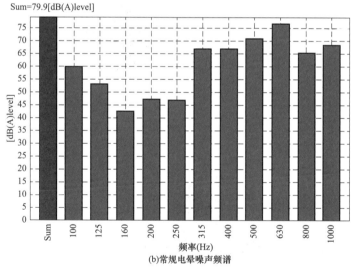

(b)常规电晕噪声频谱

图 2-13　敏感点 3 与常规电晕噪声频谱对比

　　由图 2-13 可知，敏感点 3 处噪声频谱以低频为主，最高频率为 100Hz，而常规电晕噪声频谱以中高频为主，可以判断敏感点 3 噪声不是由电晕噪声导致。

　　3. 主要声源及频谱特性分析

　　根据现场踏勘监测结果及以往工程经验，变电站主要噪声源为主变压器和高压电抗器。图 2-14、图 2-15 是变电站主变压器测点布置示意图和频谱特性图，图 2-16、图 2-17 分别是高压电抗器测点布置图及频谱特性图。由图可知，主变压器及高压电抗器的噪声峰值出现在 100～500Hz 之间，属中低频噪声。

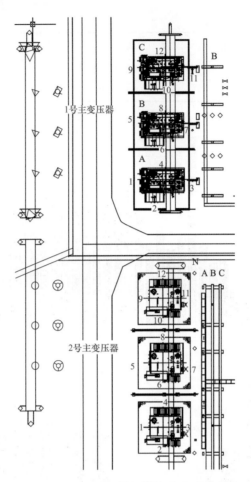

图 2-14 变电站主变压器及测点位置示意图

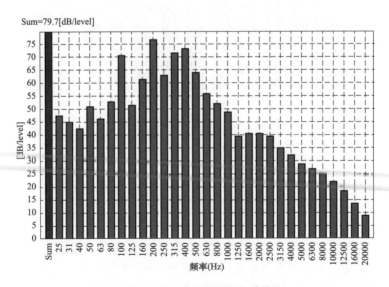

图 2-15 变电站主变压器频谱特性

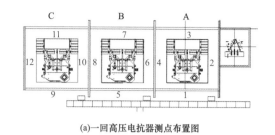

(a)一回高压电抗器测点布置图

(b)一、二回高压电抗器测点布置图

图 2-16 变电站高压电抗器测点位置示意图

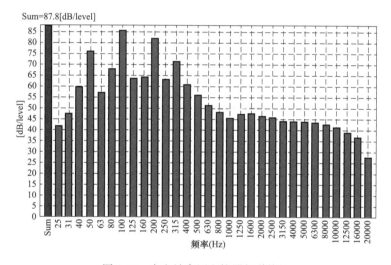

图 2-17 变电站高压电抗器频谱特性

2.3.2.4 结论

通过噪声监测发现，该 550kV 变电站噪声排放明显超标，而该 550kV 变电站两侧为居民区，厂界噪声需满足《工业企业厂界环境噪声排放标准》（GB 12348—2008）中的 2 类限值要求，居民敏感点满足《声环境质量标准》（GB 3096—2008）1 类标准。通过对监测数据的分析，发现噪声超标范围主要集中厂界的高压电抗器附近。

变电站减振降噪措施典型设计

振动源产生的振动通过介质传递，可从振源控制、传递过程中振动控制和对受振对象采取控制措施三个方面进行振动噪声控制。振源控制主要采取振动小的加工工艺、减少振动源的扰动、改变振源的扰动频率等方法；传递过程中振动控制主要采取加大振源和受振对象之间的距离以及采取隔振措施；对受振对象采取控制措施主要用于保护精密仪器、设备。在变电站中不涉及精密仪器、设备的保护，所以常采用振源控制和传递过程中振动控制（及隔振控制）的方法来降低变电站变压器、电抗器、电容器等主要噪声源的噪声。

3.1 变电站噪声源

变电站一般有升压站和降压站，电压等级有 35、110、220、330、500、1000kV。变电站的功能是变换电压等级、汇集配送电能，主要包括变压器、母线、线路开关设备、建筑物及电力系统安全和控制所需的设施。变电站一般按电压等级来划分所能服务的范围，电压等级越高的变电站所服务的半径越大，随着电压等级的升高产生的噪声随之增加。变电站的噪声源包括变压器噪声、电抗器噪声、电容器以及其他设备噪声，其中电容器噪声影响低于变压器、电抗器噪声。

3.1.1 变压器（电抗器）噪声

变电站变压器的噪声由变压器本体噪声及辅助冷却装置噪声两部分组成。本体噪声包括铁芯、绕组及油箱（如磁屏蔽）等产生的噪声；冷却装置噪声包括散热风扇和循环油泵噪声。电抗器噪声的产生机理与变压器噪声十分相似，但一般认为并联电抗器的磁路磁通密度较低，远远低于变压器，由此引起的振动与噪声较小，但由于电抗器一般布置在变电站靠近厂界的位置，噪声衰减距离不够，因此也常常造成变电站噪声超标。

造成变压器（电抗器）本体噪声的主要原因是磁致伸缩现象、电磁力造成的铁芯振动以及绕组松动造成的绕组噪声等，如图 3-1～图 3-3 所示。

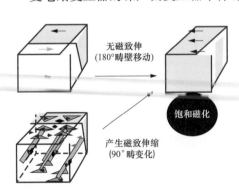

图 3-1 硅钢片磁致伸缩模型示意图

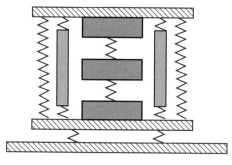

图 3-2　铁芯饼振动力学模型示意

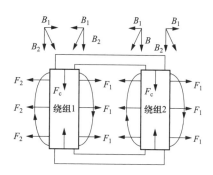

图 3-3　绕组力学分析

3.1.2　电容器噪声

电容器的内部结构为芯体，由一定厚度的介质与铝箔卷绕，与绝缘件压装后以紧固件捆扎而成。电容器中通过电流后，两极板间的膜介质将承受电场力的作用，在该力的作用下电容器的元件产生振动。电容器的结构与受力分析如图 3-4～图 3-6 所示。

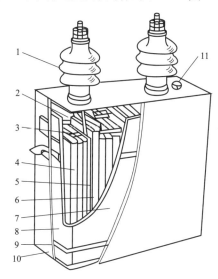

图 3-4　电容器结构示意图

1—出线套管；2—出线连接片；3—连接片；4—元件；5—出线连接片固定板；
6—组件绝缘；7—包封件；8—夹板；9—紧箍；10—外壳；11—封口盖

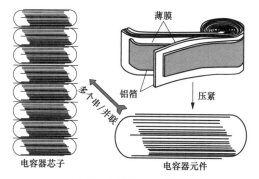

图 3-5　电容器元件结构图

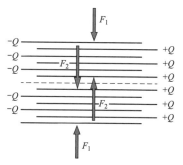

图 3-6　电容器元件受力示意图

3.1.3　其他设备噪声

除了上述主要噪声，变电站还存在其他噪声源，如：如断路器和隔离开关等开关装置在操作时（开关合、分动作）产生短时的可听噪声（即脉冲噪声）；在高压和超高压变电站内，高压进出线、高压母线和部分电气设备电晕放电噪声；高压室抽风机开启时运转声；主控室、保护室内的空调、照明音响信号或报警装置动作时发出的声音等。这部分噪声或不持续或影响较小或无法避免，本书暂不介绍。

3.2　振　源　控　制

3.2.1　变压器（电抗器）本体振源控制

变压器本体包括铁芯、绕组、磁屏蔽、油箱等。油箱是变压器的外壳，一般采用钢材焊接而成。变压器油箱本身不产生噪声，是铁芯磁致伸缩及绕组振动产生的噪声分别通过铁芯垫脚和绝缘油两种方式传递给油箱的。因此，变压器（电抗器）振源控制主要是通过控制铁芯、绕组、磁屏蔽实现的。

1. 铁芯减振

控制铁芯振源噪声产生的基本思路是减少磁致伸缩现象的产生，减少硅钢片之间的接缝处以及叠片之间产生电磁力而引起铁芯的振动。一般采用以下措施：

（1）选用优质铁芯硅钢片。要减小铁芯的振动，就必须要减少硅钢片的磁致伸缩率。硅钢片可以选择高取向导磁材料，其性能最为优良，不仅磁致伸缩率小，同时磁化性能也好，能够降低变压器空载损耗。

（2）提高铁芯硅钢片机械加工工艺。硅钢片在生产、加工时经常会受到严重的冲击，破坏材料性能，增加硅钢片的磁致伸缩，从而引起铁芯噪声的增加。在安装上铁轭及铁芯的叠装时，应该要保证铁芯叠片不挠曲，油道垫块不脱落，用来防止硅钢片悬空出现的噪声异常现象。铁芯装配时，压紧力应控制在 $0.08\sim4.4$MPa 之间。

（3）适当降低变压器铁芯的工作磁通密度。降低铁芯的工作磁通密度，是最可靠也最直接能减少铁芯硅钢片磁致伸缩率，降低铁芯振动噪声的方法。对于大容量变压器，如果降低磁密，会带来铁芯材料或绕组材料的增加；也就会引起变压器成本的增加。通常低噪声变压器铁芯的磁通密度选在 1.65T 附近。

（4）铁芯采用多级的接缝结构。搭接级数越多，铁芯接缝处的局部磁密和磁通穿越片间次数下降越多，有利于降低铁芯的噪声。

（5）优化铁芯排列方式。该过程可以分为填充和紧压来进行。较为常规的做法是通过高密度的绝缘体对铁芯内部的铁饼进行填充处理，使不同铁饼间充满绝缘物质，从整体上保障铁芯的整体性，而从微观的角度也避免了铁饼间的磁极影响。在采用填充的过程中，填充物与铁饼之间是否存在间隙是减振是否有效的关键，因此在填充的过程中需要通过外力对铁饼以及填充物进行压紧处理，使得二者之间的间距最小化。

2. 绕组减振

绕组是由高导电性的铜质导线缠绕而成，在安装绕组和铁芯之前，通过上下两个钢圈的四个螺杆产生的预紧力压紧绕组，而在变压器（电抗器）运行过程中，绕组会逐渐随着设备振动而松动。为保证变压器绕组有良好的噪声水平，通常需要做好两方面的工作：①在安装阶段必须保证有足够的预紧力，一般在 6000N 左右；②必须在变压器运行过程中对绕组轴向固有频率进行检测，及时发现轴向预紧力的下降。

3. 磁屏蔽减振

为降低因负载电流产生的漏磁通而引起的磁滞损耗和涡流损耗，大型变压器都采用油箱磁屏蔽。油箱磁屏蔽即在油箱上放置由冷轧取向磁性电工钢带叠积起来的条形叠片组。这些叠片（特别是绕组漏磁场）构成了一个具有高磁导率、低损耗的磁分路，引导漏磁通通过该分路，能够降低进入油箱箱壁的漏磁通。如果磁屏蔽放置合理，就可有效地减少油箱中的磁滞损耗和涡流损耗。

在满载电流下，磁屏蔽中的漏磁通密度可能超过正常的铁芯磁通密度，从而导致磁屏蔽中产生磁致伸缩引起的噪声，且可能对变压器总声级值有明显加大的影响。为此，对油箱磁屏蔽应采取加大厚度、将卡爪间距减半等措施减少噪声。

3.2.2　冷却系统振源控制

变电站变压器、电抗器等设备在运行时，会产生大量的热量使温度升高，而过高的运行温度会严重影响变压器的使用寿命，因此需要设置冷却系统通过冷却介质，来降低运行温度。冷却系统的噪声来源包括风扇和油泵。

根据变压器容量、工作条件的不同来选用适当的冷却方式，可避免不必要的噪声：选用大直径的低噪声轴流风扇；降低风扇转速、改良叶片形状、提高叶片平衡精度、增大直径和轮毂比及用纤维增强塑料（FRP）制作叶片等，均可使冷却风扇的噪声明显降低；通常每个冷却单元配有多个风扇，根据冷却要求通过改变每个风扇的开关来控制冷却量等均可以降低向外辐射的噪声级。

变压器油泵的噪声主要是由于电动机轴承等部分的摩擦而产生的，是以 $600\sim1000\mathrm{Hz}$ 频率为主体的摩擦噪声。为降低噪声，可选用摩擦噪声小的精密级轴承，并适当降低电动机的转速。此外，把变压器油泵安装在变压器本体油箱和隔声壁之间，以防止变压器油泵的噪声向外界发射，也能起到降低噪声的效果。

3.2.3　电容器振源控制

电容器塔由许多单台电容器组成。单台电容器的表面是钢外壳，配有套管。每一单台电容器内都充满了油，并且内含了一个由许多电容器元件串、并联组成的元件组，每个电容器元件由两层铝箔和数层一定长度的塑料薄膜和纸膜绕制而成。由于电场的作用，电容器元件内部产生振动，这些振动噪声大部分从其顶部和底部发出，传递给外壳使箱壁振动并向周围传播，最终形成电容器噪声。

电容器噪声可通过工艺、材料的改进来抑制。常用的方法为优化设计电容器压紧系数，采用双塔结构降低电容器塔高度，采用特殊材质卷绕的降噪件等。

（1）优化设计电容器压紧系数。具体方法为调整芯轴尺寸，使芯子组尽可能地填充壳体，将高密板叠加放置以达到完全紧固的作用，如图 3-7 所示。

（2）采用双塔结构降低电容器塔高度，双塔结构电容器塔如图 3-8 所示。

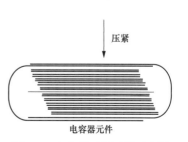

图 3-7　电容器元件压紧示意图

图 3-8 双塔结构的电容器塔

3.3 隔振控制设计

相比于改造噪声设备的制造工艺而言，隔振是投资不大却行之有效的方法，尤其是在受空间位置限制或设备工艺结构的制约时，隔振措施更有其优越性。

在变电站噪声控制过程中，主要考虑的是积极隔振。无论何种类型的隔振，都是在振源或防振对象与支承结构之间加隔振设备。

3.3.1 隔振结构设计相关介绍

(1) 传振系数 T_f。传递比（或称传振系数）T_f 是反映隔振结构隔振效果的物理量，它表示作用于机组各方面总的力中有多少动力部分是由隔振装置传给基础的。例如传递比 $T_f = 0.1$，表示经过隔振后仍有 1/10 的动力通过隔振装置（弹簧或弹性材料）传给基础，传递比值越小，隔振效果越好。

在变电站隔振设计中，当不考虑阻尼因素时（在通常情况下引起的误差不大），隔振系统的振动传递比由式（3-1）计算：

$$T_r = \left| \frac{1}{1 - (f/f_n)^2} \right| \tag{3-1}$$

其中
$$f = n/60$$

式中：T_f 为隔振系统的振动传递比；f 为机器设备的扰动频率（Hz）；n 为设备电机的转速（r/min）；f_n 为隔振系统的固有频率（Hz）。

用金属弹簧时，机组的自振频率（或称固有振动频率）f_0 可用式（3-2）求得：

$$f_0 = \frac{4.984}{\sqrt{X_{CM}}} \approx \frac{5}{\sqrt{X_{CM}}} \tag{3-2}$$

用一般弹性材料时，机组的自振频率 f_0 可用式（3-3）求得：

$$f_0 = \frac{5}{\sqrt{X_{CM}}} \sqrt{\frac{E_d}{E_s}} \tag{3-3}$$

式中：X_{CM} 为在机组重量作用下，隔振装置所产生的静态压缩量（cm）；E_d 为材料的动态弹性模量；E_s 为材料的静态模量。

在确定振动传递比后，可以根据式（3-2）和式（3-3）求得必需的静态压缩量 X_{CM} 或频率比值，以此选择隔振装置。

（2）隔振基座板（质量块）重量和形式的选择。在多数情况下都将设备配置在重量较大的钢筋混凝土基座板（亦称质量块）上，然后在下面设隔振装置。采用这种构造形式的目的如下：

1）减少设备本身的振动。如果直接把设备配置在隔振装置上（弹簧或弹性材料），虽然能降低传给基础的振动，但增大了设备本身的振动。这不仅会影响设备的工作效率，还会缩短设备使用年限，甚至出现安全问题。而把设备配置在比本身重量大的基座板（质量块）上可以避免上述问题，并起到减少设备本身振动的目的。

2）可不考虑设备偏心问题。在隔振装置设计过程中，常需要考虑设备的偏心问题，增加了设计难度。而采用基座板（质量块）后，设备的偏心相对于设备底盘的几何中心可以忽略不计。具体措施可简单的在各弹性支承点处，采用相同刚度和数量的隔振装置。

3）增加稳定性。基座板的重量一般应大于设备本身重量的2～5倍，所以能降低机组的重心，保持设备的稳定性。在设计时就可选用自振频率很低（即压缩量很大）的弹簧隔振器。

4）使变电站设备基础隔振设计实现标准化和隔振装置的系列化成为可能。标准化的隔振设计和系列化的隔振装置能较大程度地提高工作效率。在具体设计中，一般都用重量比来表示基座板（质量块）的重量，即基座板的重量与机组重量之比。通常需要根据设备的振动状况、重心位置、所处的部位（底层或楼层地面）、基础的承载力及隔振要求来确定重要比。

若重量比受到限制，可通过选择合理的基座板（质量块）来降低重心、增加稳定性。常用的基座板形式如图 3-9 所示。

（3）隔振装置的比较。隔振装置包括金属弹簧隔振器和多种隔振弹性衬垫材料及制品两大类。金属隔振器包括钢弹簧隔振器、阻尼金属弹簧隔振器等；隔振弹性衬垫材料包括橡胶隔振材料、软木隔振材料、玻璃纤维隔振材料、纤维毡类隔振材料等。

1）金属弹簧隔振器。金属弹簧隔振器应用广泛，其能承受的荷载幅度大，从几千克至几十吨，静压缩量幅度也很大，最大可达几十毫米。金属弹簧隔振器的优点是自振频率低（低频隔振效果好）、使用年限长、抗油和水的侵蚀、不受温度的影响、设计计算方法比较成熟、成本低等。但其阻尼比小，共振时影响尤其明显，容易传递高频振动，且水平方向的稳定性较差。因此，在选用金属弹簧的同时都配置橡胶衬垫。

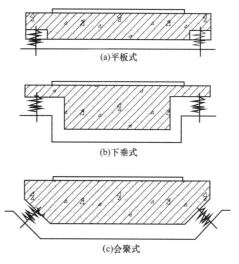

(a)平板式

(b)下垂式

(c)会聚式

图 3-9　几种常用隔振基座板
（质量板）的形式

2）橡胶隔振器。橡胶隔振器在变电站中应用较为普遍，变压器、电抗器、通风机等设备都有应用。橡胶隔振器有橡胶剪切受压的隔振器和垂向受压的橡胶板两种。前者作为系列产品由专业工厂生产；后者则可自选橡胶板，根据隔振要求进行设计，通常称橡胶隔振垫。

橡胶剪切受压的隔振器，由于静态压缩量较大，因此自振频率较低，同时对高频有很好的隔振效果，但使用年限较短，需定期更换。橡胶隔振垫通常制成厚度10～20mm 带有各种凹凸槽形的橡胶板。由于单层橡胶板压缩量有限，因而常需要采用多层橡胶板，在其间夹3mm厚的隔垫块。该种隔垫块常采用钢板粘结而成。

3）其他隔振材料。软木是应用最早的隔振衬垫材料，通常利用保温软木板作隔振衬垫材料。软木受水和油类影响小，在室温条件下，其使用年限可达15～20 年，是较好的一种隔振衬垫材料。但其价格较高且承压能力较小，一般在200kPa 以内，因此使用的较少。玻璃纤维板是玻璃纤维粘结成板状的无机材料，是一种很好的隔振材料，且价格低廉。但它承压能力小，一般仅10～15kPa，且自振频率较高。因此，该材料一般用于钢筋混凝土基座板下面，使荷载均匀分布。毛毡、沥青矿棉毡、岩棉这些纤维毡类也都可以作为设备的隔振材料，但由于自振频率一般都高于20Hz，因此需很大的厚度来获得较好的隔振效果，在经济上不划算。

隔振装置的隔振效果取决于自振频率或静态压缩量。在自振频率与静态压缩量之间的关系曲线上可概略地表示出隔振装置的主要特性，见图3-10。

图3-10 反映了各类隔振装置的隔振效果，即钢弹簧隔振器最好，其次是橡胶隔振器和橡胶垫等。一些常用的隔振装置比较见表3-1。

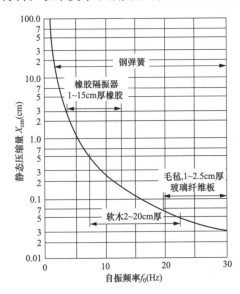

图 3-10 各种隔振装置静态压缩量与
自振频率的关系

表 3-1   隔 振 装 置 比 较

材料	图示	备注
弹簧隔振器		静态压缩量大，固有频率低，低频隔振性能好，耐老化，但本身阻尼小，容易摇摆振动
橡胶隔振器		具有足够的内阻尼，可以做成各种形状，以适应空间的要求，但会老化，产生蠕变
钢丝绳隔振器		环境适应性强，使用寿命长，安装方式多样，良好的缓冲抗冲性能，阻尼大，但所需空间大

材料	图示	备注
橡胶隔振垫		隔振垫价格低廉，安装方便，并可裁成所需大小和重叠起来使用，以获得不同程度的隔振效果

（4）阻尼。阻尼是指阻碍物体的相对运动，并把运动能量转变为热能的一种作用。阻尼材料是具有内损耗、内摩擦的材料，如沥青、软橡胶及其他一些高分子涂料。阻尼能减弱金属板或其他板材弯曲振动的强度，一般金属材料，如钢、铅、铜等的固有阻尼都小，所以常用外加阻尼材料的方法来增大其阻尼。

变电站中有很多由金属板和结构制成的设备外壳或隔声减振设备，如变压器油箱壁、由金属材料制成的隔声罩等，当金属板受到激发时，会产生弯曲振动，并辐射出强烈噪声。这些金属薄板结构受激振所产生的噪声称为结构噪声。在金属结构上涂敷阻尼材料可抑制结构振动，是减小噪声的有效措施。由于阻尼可使沿结构传递的振动能量衰减，还可减弱共振频率附近的振动，所以阻尼材料不仅可以抑制金属结构的结构振动，也可以抑制振动的传递。

阻尼材料可分为橡胶系、塑料系、沥青系和纤维喷涂等。粘敷阻尼层是一种有效的降噪措施，也是实践中常有的方法。但是在运用阻尼材料过程中，要注意阻尼涂层位置、阻尼层的种类及阻尼层厚度的选择等问题。

1）阻尼涂层位置的确定。实践证明，相比采取均匀涂敷的方法，按构件振动幅度大小采用不同涂层的厚度效果会更好。实际可利用累试法（即多次在不同振动位置试涂）找出振动面的低频共振区域，然后使用阻尼材料进行重点处理。

2）阻尼层的种类。涂阻尼层的方法有自由阻尼层和约束阻尼层两种。自由阻尼层是将阻尼材料涂在板的一面或两面，当板振动弯曲时，板和阻尼层都允许有压缩和延伸的变形；约束阻尼层是在自由阻尼层的外侧再粘附一层薄金属板，成为在两板之间夹有阻尼材料（夹心层）的结构。约束阻尼层比自由阻尼层效果更好，但成本也更高。

3）阻尼层的厚度。阻尼材料的厚度对阻尼效果起着重要的作用。厚度太小，达不到应有的阻尼效果，但当厚度超过一定值后阻尼效果的增加并不显著，浪费材料，所以需要选择适当厚度。但是要注意的是，一般情况下，在薄金属板上（板厚度在3mm以下）采用阻尼措施效果明显，当金属板厚度大于5mm时则效果不明显，要涂到相对厚度才能起作用。

4）阻尼涂层的其他问题。使用阻尼涂层时要注意使阻尼涂层紧密地粘贴在振动板上，以发挥最好的阻尼作用；还要根据使用的环境条件考虑防燃、防油、防腐蚀、隔热保温等方面的要求。

（5）管道隔振。管道隔振的效果与软接管的种类、长度、配置等有关，还与管道的固定方式有关。

1）软接管的种类。软接管可分为橡胶软接管和不锈钢金属软接管。橡胶软管比金属软管具有较好的隔振减噪效果，但由于橡胶软管不能承受较高的压力、不耐高温和不耐腐蚀性介质的侵蚀，所以其使用受到设备环境的限制。

2）软接管的长度及配置。软接管的有效长度（即经济合理长度）应为8～10倍的管径，而最有效的配置方式是在垂直和水平方向双向配置。

3）管道的固定方式。管道通过软接管连接，可以降低设备振动沿管道的传递；通过对管道的架设、吊置、穿墙等做隔振处理，可以减低管内介质振动传递的振动和噪声，如在管道与吊架间衬垫弹性材料，悬吊时用弹簧吊钩，穿墙、楼板时设隔离设施等。

3.3.2　隔振结构设计

变电站隔振结构设计的依据为《隔振设计规范》（GB 50463—2008）、《变电站噪声控制技术导则》（DL/T 1518—2016）。变电站主变压器和高压电抗器油箱底部应安装隔振装置，户内变电站集中式通风风机底部应安装隔振装置。

（1）隔振设计应具备下列资料：

1）隔振对象的型号、规格及轮廓尺寸。

2）隔振对象的质量中心位置、质量及其转动惯量。

3）隔振对象底座外轮廓图，附属设备，管道位置及坑、沟、孔洞的尺寸，地脚螺栓和预埋件的位置。

4）与隔振对象及基础连接有关的管线图。

5）当隔振器支承在楼板或支架上时，需有支承结构的设计资料。当隔振器支承在基础上时，应有工程勘察资料、地基动力参数和相邻基础的有关资料。

6）当动力机器为周期性扰力时，应有频率、扰力、扰力矩及其作用点的位置和作用方向；若为冲击性扰力时，应有冲击质量、冲击速度及两次冲击的间隔时间。

7）对于被动隔振，应具有隔振对象支承处的干扰振动幅值和频率。

8）隔振对象的环境温度和有无腐蚀性介质，隔振对象的容许振动值。

（2）隔振方式的选用，应符合下列规定：

1）对支承式隔振，隔振器设置在隔振对象的底座或台座结构下，可用于主动隔振或被动隔振。

2）对悬挂式隔振，隔振对象安置在由两端铰接刚性吊杆悬挂的刚性台座上，或将隔振对象的底座悬挂在刚性吊杆上，可用于隔离水平振动。

3）对悬挂兼支承式隔振，隔振器宜设置成悬挂式。

（3）隔振设计原则。

1）隔振方案的选用，应经多方案比较后确定。

2）隔振器或阻尼器的采用，应经隔振计算后确定。

3）隔振对象下宜设置台座结构；当隔振对象的质量和底座的刚度满足设计要求时，可不设置台座结构。

4）隔振体系的固有源频率，不宜大于干扰源频率的0.4倍。弹簧隔振器布置在梁上时，弹簧的压缩量不宜小于支承梁挠度的10倍；当不能满足要求时，应计入梁与隔振体系的耦合作用。

5）隔振对象经隔振后的最大振动值，不应大于容许振动值。隔振对象的容许振动值宜由试验确定或由制造部门提供，也可按《隔振设计规范》（GB 50463—2008）的规定采用。

6）隔振器和阻尼器的布置，应符合下列要求：

①隔振器的刚度中心与隔振体系的质量中心宜在同一铅垂线上，隔振体系宜为单自由度体系；当不能满足要求时，应计入耦合作用，但不宜超过2个自由度体系。隔振系统的刚心

与其重心垂直方向宜保持一致，偏差不应超过 10%；变压器、电抗器隔振系统的整体稳定性和抗倾覆能力应满足设计要求。

② 应减小隔振体系的质量中心与扰力作用线之间的距离。

③ 应留有隔振器的安装和维修所需要的空间。

④ 隔振器宜布置在同一水平内。

7）当水平位移有限制要求时，宜设置水平限位装置，并应与隔振对象和台座结构完全脱离。

8）通风管道系统应采用柔性连接，并使用隔振吊挂和弹性阻尼固定装置。

9）可由结构声传播激发辐射噪声的构件，应附加阻尼板或阻尼涂层。

（4）隔振器与阻尼器的一般规定。

1）隔振器和阻尼器，应符合下列要求：

① 应具有较好的耐久性，性能应稳定。

② 隔振器应弹性好、刚度低、承载力大，阻尼应适当。

③ 阻尼材料应动刚度小、不易老化，黏流体材料的阻尼系数变化应较小。

④ 当使用环境有腐蚀性介质时，隔振器和阻尼器与腐蚀性介质的接触面应具有耐腐蚀能力。

⑤ 隔振器和阻尼器应易于安装和更换，当隔振器或阻尼器的内部材料易受污染时，应设置防护装置。

2）隔振器和阻尼器的选用，应具备下列参数：

① 用于竖向隔振时，应具有承载力、竖向刚度、竖向阻尼比或阻尼系数等性能参数。

② 用于竖向和水平向隔振时，应具有承载力、竖向和水平向刚度、阻尼比或阻尼系数等性能参数。

③ 当动刚度和静刚度不一致时，应具有动静刚度比或动、静刚度性能参数。

④ 当产品性能随温度、湿度等变化时，应具有随温度或湿度等变化的特性参数。

3）隔振设计时，隔振器和阻尼器宜选用定型产品；当定型产品不能满足设计要求时，可另行设计。

（5）隔振设计程序和方法。

1）确定隔振设计所需的振动传递比（或隔振效率）。根据实测或估算得到的需隔振设备或地点的振动水平及机器设备的扰动频率、设备型号规格、使用工况以及环境要求等因素确定。

2）确定隔振元件的荷载、型号大小和数量。隔振元件承受的荷载，应根据设备（包括机组和机座）的重量、动态力的影响以及安装时的过载等情况确定。设备重量均匀分布时，每个隔振元件的荷载可将设备重量除以隔振元件数目得出；设备重量不均匀分布时，各个隔振元件的选择也可采用机座（混凝土块或支架），并根据重心位置来调整支承点。隔振元件的数量一般宜取 4～6 个。

3）确定隔振系统静态压缩量、频率比及固有频率。静态压缩量应根据振动传递比（或隔振效率）、设备稳定性及操作方便等要求确定。频率比中的扰动频率，通常可取为设备最低扰动频率。频率比应大于 1.41，通常宜取 2.5～4，严禁采用接近 1 的频率比。

4）估计隔振设计的降噪效果。在隔振系统确定之后进行，通常应包括振动传递比或隔振效率、静态压缩量、动态系数等参数的验算，同时应包括对隔振的降噪效果做出的估计。

对于楼板上的隔振系统，其楼下房间内的降噪量可用式（3-4）估算：

$$\Delta L_P \approx \Delta L_V \approx 20\lg(1/T_f) \qquad\qquad (3\text{-}4)$$

式中：ΔL_P 为隔振前、后楼下房间内声压级的改变量（dB）；ΔL_V 为隔振前、后楼板振动速度级的改变量（dB）；T_f 为隔振系统的振动传递比。

3.3.3 隔振结构在变电站中的应用

3.3.3.1 变压器（电抗器）隔振

因为电抗器与变压器噪声机理相似，因此以变压器为例说明隔振结构的应用。对于变压器本体而言，变压器本体铁芯和绕组振动是通过两条路径传递给油箱的：一条是固体传递途径，铁心的振动通过其垫脚传至油箱；另一条是液体传递途径，铁芯的振动通过绝缘油传至油箱。这两条途径传递的振动能量，使箱壁（包括磁屏蔽等）振动而产生本体噪声，最终在铁芯振动传递给油箱的过程中噪声有所衰减，一般油箱外噪声（距离箱壁 1m）较箱内噪声低 4～5dB(A)。对冷却装置而言，若冷却风扇安装在油箱上，那么冷却风扇的噪声也会传递给油箱。通过空气，本体噪声以声波的形式均匀地向四周发射。因此可在传播途径上抑制噪声。

1．传播途径抑制噪声方法

（1）抑制变压器（电抗器）本体振动。

1）增加油箱强度。方法是在不增加箱壁厚度的前提下，增加并合理布置加强筋，改槽式筋为板式筋，并合理控制其间距，在油箱中部加强筋适当密布。同时，辅以合理的焊接工艺，尽量减小箱壁的焊接变形，减小制造过程中油箱的残余应力。采用槽式筋时，筋内填充铁砂、河沙或石棉板，减少油箱上的悬臂件和油箱连接不平的连接件。

2）油箱内壁设置橡胶板。对有磁屏蔽的变压器，可将橡胶板放置在箱壁与磁屏蔽之间。也可在加强筋间焊接普通工业钢板网，网上涂刷 2～3mm 厚的阻尼材料，这样既不影响箱壁散热，又减小了箱壁（特别是加强筋）的振动。阻尼材料的阻尼特性以损耗因数表示，损耗因数值越大，其阻尼特性越好，如图 3-11～图 3-13 所示。

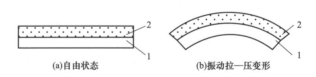

图 3-11　自由阻尼处理结构
1—基本层；2—阻尼层

图 3-12　隔声阻尼材料样品

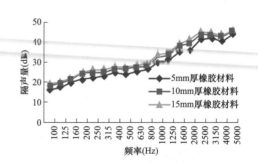

图 3-13　不同厚度橡胶材料的隔声量

图中采用的是聚氨基酸酯橡胶，制备了隔声阻尼材料。隔声阻尼材料与油箱壁刚性材料组合，形成隔声阻尼材料—油箱壁刚性材料的自由层阻尼构件。根据实际隔振需求与经济性选用隔声阻尼材料和厚度。对于常用的丁腈橡胶，厚度为 4mm 时，损耗因数值在 0.07～0.08。这些措施均能降低箱壁的振幅，从而降低噪声。

3）抑制器身振动向油箱传播。在油箱底部与基础间设置减振器，避免箱底与基础间的刚性连接，使振动通过减振器发生衰减，以达到降噪的目的。实际经常采用的是橡胶减振器和弹簧减振器。对于橡胶减振器，应使其上的压强保持在 3.43～6.86MPa 之间，才能取得较好的减振效果，能降低噪声 3～4dB(A)。由于软木橡胶是橡胶与软木有机结合的硫化物，具有独特的可压缩性，且具有摩擦因数大、流动性小、变形小、耐油、耐水、耐紫外线、抗老化等特性，因而应首先考虑选用。丁腈橡胶中丙烯腈含量高时，其耐油性好，但当其含量超过 60％时，橡胶变硬，弹性较差，耐久性降低。因此，在选用丁腈橡胶时，应注意其中丙烯腈的含量，一般以 25％～35％为宜。

（2）安装隔振箱。为切断空气噪声向外传播，通过在变压器油箱外设置隔、吸声装置来切断噪声传播路径。例如，在箱壁外用螺栓固定粘贴隔声板、阻尼吸声装置；在箱壁外两加强筋间焊装钢板，其间填充吸声材料。隔振箱能够帮助主要振动元件的固定以及其他附属链接元件的紧固，有效地避免了次生振动的产生，但成本较高。如采用在油箱外侧加装吸隔声构件的方法对油箱进行封闭，根据封闭形式的不同，可将其分为全封闭型（A 型）和半封闭型（B 型），如图 3-14 和图 3-15 所示。

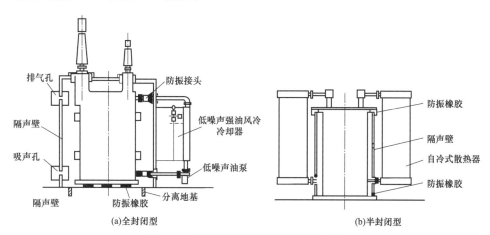

(a)全封闭型 (b)半封闭型

图 3-14 油箱外侧加装吸隔声构件形式

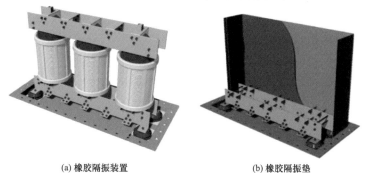

(a) 橡胶隔振装置 (b) 橡胶隔振垫

图 3-15 器身隔振装置示意图（一）

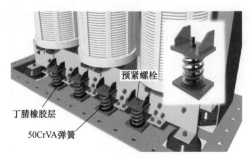

预紧螺栓

丁腈橡胶层

50CrVA弹簧

(c) 弹簧隔振装置

图 3-15　器身隔振装置示意图（二）

全封闭型如图 3-14（a）所示，是用吸、隔声构件将整个油箱完全遮蔽起来，隔声效果明显，但安装周期长，占地面积加大，费用较高，适用于大容量设备和噪声影响较大的设备。

半封闭型如图 3-14（b）所示，是用吸、隔声构件将油箱侧壁遮蔽起来，隔声效果不如全封闭型，但安装简便，与设备管路不干涉，占地面积不大，费用较少，适用于小容量设备和噪声影响较小的设备。

在油箱外壁安装吸、隔声模块后（见图 3-16），效果降噪效果可达 10dB(A) 以上。

（3）变压器底部隔振。为抑制油箱振动向附属结构和基础传播，可在油箱与基础之间设置金属弹簧隔振器、橡胶隔振器、橡胶空气弹簧隔振器及隔振垫、弹性阻尼元件等，如图 3-17 所示；还可在油箱与散热器等冷却装置之间采用软连接，如通过波纹管连接或将冷却装置与油箱分开。

图 3-16　油箱外壁吸、隔声模块安装效果图　　　　图 3-17　金属弹簧隔振器

（4）吊装变压器。吊装变压器主要是通过一定的技术条件如钢筋吊床、液压吊床或弹性阻尼材料的吊床等在变电站内部将变压器进行吊式安装。吊装变压器能够有效避免变压器与变电站直接接触，避免了振动传导，使变压器振动无法传导到外部的变电站结构上，此种方式可以降低变电站整体的振动幅度。但是在安装的过程中会产生新的问题：一方面由于吊装变压器而导致变压器与变电站结构连接紧密，对变压器自身的振动具有一定的消极影响；另一方面由于变压器自身重量等问题，在吊装的过程中对于吊装材料及变电站吊装节点的物理强度要求较高，因此更适用于小型变压器。

2. 变压器隔振降噪分析

按上述变压器隔振降噪措施的基本思路，针对变压器结构特点，提出油箱内壁敷设绝缘纸板隔声措施、油箱外壁敷设空气薄膜阻尼吸声装置、加装器身隔振装置及油箱隔振装置四种减振降噪措施。下面通过建立一典型 220kV 变压器振动有限元模型和声学边界元模型，分析对比有无实施上述措施的振动与噪声级。

（1）绝缘纸板隔声装置效果分析。计算时在变压器油箱的前、后面内壁上敷设一层绝缘纸板，其厚度分别为 4、6、8mm，进行对比研究。对有、无设置绝缘纸板的变压器进行谐响应分析（用于确定一个结构在承受已知频率按正弦（简谐）规律变化的载荷时稳态响应的一种技术），求解得到对应测点处的振动加速度响应。三种不同厚度时变压器油箱表面的振动响应对比如图 3-18 所示。

由图 3-18 可看出，在研究的尺寸范围内，绝缘纸板越厚，其减振效果越好。因此，提取绝缘纸板厚度为 8mm 时各测点处在 100Hz 时的振动加速度响应，与原结构下仿真结果对比，结果如图 3-19 所示。

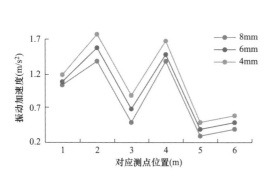

图 3-18　不同厚度绝缘纸板减振效果比较　　图 3-19　有、无设置绝缘纸板变压器振动比较

从图 3-19 看出，设置绝缘纸板后，油箱振动幅值得到了一定程度的抑制。采用声学边界元法分析可得到变压器的辐射噪声。在距变压器侧面 2m 处的观测面上提取平均噪声分贝值，与变压器原结构时的噪声水平进行对比，结果如表 3-2 所示，可以定量得出附加绝缘纸板方案的降噪效果为 0.9dB。

表 3-2　　　　　　　　　变压器油箱内壁敷设绝缘纸板降噪效果

措施	噪声值（dB）
原结构	65.2
敷设绝缘纸板	64.3

（2）空气薄膜阻尼吸声装置效果分析。在变压器油箱前、后箱壁上的加强筋之间布置空气薄膜阻尼结构，如图 3-20 所示。

由空气薄膜阻尼结构相关理论研究可知，基板与附加板的厚度比一般取 2～4，且厚度比越大越好；气隙厚度越小，阻尼越大。在仿真分析中，按油箱壁厚 10mm 选取附加板厚度分别为 2、3、4mm 三种情况。考虑到安装工艺，实施中点焊安装时需保证附加板和油箱壁之间的间距为 1mm，并保证间隙内空气的流动。首先计算了附加钢板厚度为 2mm 时变压器油箱的振动，提取对应测点处的结果与原结构的振动情况进行对比，如图 3-21 所示。

然后对附加钢板厚度分别为 3mm 和 4mm 情况按上述方法进行分析研究，三种钢板厚度时的减振效果对比如图 3-22 所示。

图 3-20　空气薄膜阻尼吸声层安装示意图

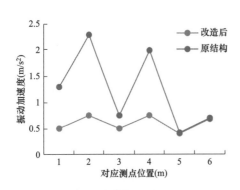

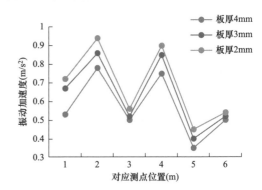

图 3-21　有、无设置空气薄膜阻尼结构变压器振动比较　图 3-22　薄膜阻尼层板厚变化时减振效果对比

由图 3-22 看出，薄膜阻尼层板厚对减振效果的影响不是很明显，但较厚的板材效果稍好。因此按 4mm 板厚开展研究，通过声学边界元法仿真结构改进后变压器的噪声分析，在距变压器侧面 2m 处的观测面上提取平均噪声分贝值，与变压器原结构时的噪声水平进行对比，结果如表 3-3 所示。

表 3-3　　　　　　　　　　变压器油箱薄膜阻尼层降噪效果

措施	噪声值（dB）
原结构	65.2
油箱空气薄膜阻尼层	62.3

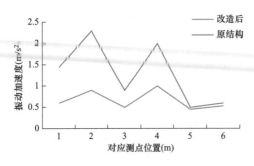

图 3-23　器身隔振装置增设前后的
变压器振动比较

由表 3-3 可知，安装空气薄膜阻尼结构的降噪效果较为显著，达到了 2.9dB。

（3）器身隔振效果分析。在变压器内部器身与箱体之间增设阻尼隔振支座，对变压器结构进行谐响应分析，可得到变压器整体在 100Hz 时的变形和振动响应。提取各测点处在 100Hz 时的振动加速度与原结构的仿真结果进行对比，结果如图 3-23 所示。

通过声学边界元法计算变压器辐射噪声，在距变压器侧面 2m 处的观测面上提取平均噪声分贝值，与变压器原结构时的噪声水平进行对比，结果如表 3-4 所示。

表 3-4　　　　　　　　　　　变压器器身隔振降噪效果

措施	噪声值（dB）
原结构	65.2
器身隔振	62.8

由表 3-4 可知，在油箱内部增设器身隔振支座的降噪效果较为明显，达到了 2.4dB(A)。

（4）油箱隔振效果分析。油箱隔振是指在变压器油箱底部布置隔振支座，抑制油箱振动向附属结构和基础传播，同时也降低油箱自身的振动。图 3-24 为在油箱底部设置隔振装置之后得到的变压器油箱表面各测点处在 100Hz 时的振动加速度与原结构比较图。

从图 3-24 可看出，安装油箱隔振支座后，变压器油箱表面的振动有所减小，说明该方案具有一定减振效果。进一步通过声学边界元法仿真结构改进后变压器的噪声，得到变压器噪声辐射云图。在距变压器侧面 2m 处的观测面上提取平均噪声分贝值，与变压器原结构时的噪声水平进行对比，结果如表 3-5 所示。

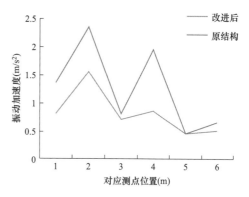

图 3-24　有、无设置油箱隔振装置变压器振动比较

表 3-5　　　　　　　　　　　变压器油箱隔振降噪效果

措施	噪声值（dB）
原结构	65.2
油箱隔振	62.7

由表 3-5 可知，变压器油箱底部设置隔振支座的降噪效果为 2.5dB(A)。

3. 变压器减振降噪试验研究

为了验证上述措施的降噪效果，依托实际工程变压器产品，分别开展了装设油箱外壁敷设空气薄膜阻尼吸声和器身金属橡胶隔振装置的变压器噪声对比试验。

（1）空气薄膜阻尼吸声装置效果测试。在某变电站 220kV 三相有载调压变压器（X8165）上安装空气薄膜阻尼吸声装置，与另一台同规格无措施的变压器（本部变压器 X8285）的噪声测试数据进行对比。为保证数据具有可比性，在工厂噪声试验过程中两台产品处于同样环境背景，采用相同安装固定方式，采用相同测量设备。图 3-25 为油箱外壁空气薄膜阻尼结构安

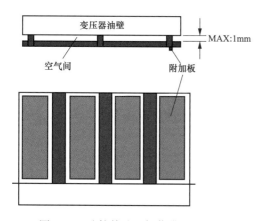

图 3-25　油箱外壁空气薄膜阻尼结构安装示意图

装示意图。

　　分别开展98％空载电压和100％负载电流两种不同工况的噪声测试，得到两种不同工况下变压器0.3m包络线的声压级，如表3-6所示。

表3-6　　　　　　　　　　变压器有、无空气薄膜阻尼平均声压级　　　　　　　　　　dB

试验项目		平均值 $L_{PA'}$	背景噪声平均值	与背景噪声差	背景噪声修正值 X	环境修正值 K	表面声级 $L_{PA}=$ $L_{PA'}-X-K$
98％空载电压	本部变压器	66.2	55.5	10.7	0.0	0.9	65.3
	三相有载调压变压器	61.9	49.1	12.8	0.0	0.9	61.0
100％负载电流	本部变压器	63.7	49.1	14.7	0.0	0.9	62.8
	三相有载调压变压器	64.4	55.5	8.9	1.0	0.9	62.5

　　由表3-6中的试验数据可以看出，变压器油箱外壁敷设空气薄膜阻尼吸声装置在两种工况下均有一定的降噪效果，空载电压工况下噪声降低明显，达到4.3dB(A)；负载电流下降噪效果较小，仅降低0.3dB(A)。

　　(2) 器身隔振降噪效果测试。为了验证器身隔振的减振降噪效果，在一台500kV试验变压器器身与油箱之间安装金属橡胶隔振支座。试验分两次进行，分别测试了器身隔振与非隔振时变压器0.3m包络线1/3H、2/3H断面的噪声声压级，同时测试了油箱壁、油箱底部的振动加速度。两次试验分别是98％空载电压试验和100％负载电流试验，得到变压器有、无器身隔振平均声压级如表3-7所示。

表3-7　　　　　　　　　　变压器有、无器身隔振平均声压级　　　　　　　　　　dB

试验项目		平均值 $L_{PA'}$	背景噪声平均值	与背景噪声差	背景噪声修正值 X	环境修正值 K	表面声级 $L_{PA}=$ $L_{PA'}-X-K$
98％空载电压	非隔振	71.6	42.3	29.3	0.0	0.6	71.0
	隔振	71.6	42.3	29.3	0.0	0.6	71.0
100％负载电流	非隔振	70.2	42.3	27.8	0.0	0.6	69.6
	隔振	68.3	42.3	26.0	1.0	0.6	67.7

　　由表3-7中试验数据可以看出，变压器器身隔振在空载电压工况下噪声平均值几乎没有变化，而在负载电流下变压器噪声平均值有一定降低，降噪量达到1.8dB。

　　(3) 结论。

　　1) 前面提出的四种变压器减振降噪措施，均可不同程度降低变压器噪声辐射水平，尤其是器身隔振和油箱空气薄膜阻尼吸声装置降噪效果显著。上述措施具有安装方便、经济适用特点。

　　2) 不同的降噪措施在不同工况时降噪效果不同，如油箱空气薄膜阻尼在空载作用下降噪效果显著，而负载时效果较小；器身隔振在变压器空载时降噪效果不大，而负载时降噪效果显著。因此，实际工程中可采取多种方案联合使用，确保变压器实际运行时具有显著的减振降噪效果。

　　3.3.3.2　冷却装置隔振降噪

　　对于侧吹或底吹式片式散热器冷却方式，为避免风扇加剧冷却系统的振动，扇支架不能直接固定在散热器上，而应固定在箱壁上，并且应设置减振胶垫。冷却系统和本体分体安装的变压器，风扇应固定在专用基础上。

冷却风机的隔振宜采用支承式，基础的隔振采用圆柱螺旋弹簧隔振器或橡胶隔振器，隔振器宜设在梁顶或底板上。

1. 圆柱螺旋弹簧隔振器

(1) 圆柱螺旋弹簧隔振器的选用应符合以下要求：

1) 动力设备的主动隔振和精密仪器及设备的被动隔振，可采用支承式隔振器。

2) 动力管道的主动隔振和精密仪器的悬挂隔振，可采用悬挂式隔振器。

(2) 圆柱螺旋弹簧隔振器应配置材料阻尼或介质阻尼器，阻尼器的行程、侧向变位空间和使用寿命应与弹簧相匹配。

(3) 圆柱螺旋弹簧的选材宜符合下列规定：

1) 用于冲击式机器隔振时，宜选择铬钒弹簧钢丝或热轧圆钢，也可采用硅锰弹簧钢丝或热轧圆钢。

2) 用于其他隔振对象且弹簧直径小于 8mm 时，宜采用优质碳素弹簧钢丝或硅锰弹簧钢丝；直径为 8~12mm 时，宜采用硅锰弹簧钢丝或铬钒弹簧钢丝；直径大于 12mm 时，宜采用热轧硅锰弹簧钢丝或圆钢。

3) 有防腐要求时，宜选择不锈钢弹簧钢丝或圆钢。

(4) 圆柱螺旋弹簧设计时，其材料的力学性能应符合国家现行有关标准的规定；容许剪应力的取值宜符合下列规定：

1) 用于被动隔振时，可按弹簧材料 I 类载荷的 88% 取值。

2) 用于除冲击式机器外的主动隔振时，可按弹簧材料 I 类载荷取值。

3) 用于冲击式机器的主动隔振时，可按弹簧材料 I 类载荷取值或进行疲劳强度验算取值。

4) 成品圆柱螺旋弹簧在试验负荷下压缩或压并 3 次后产生的永久变形，不得大于其自由高度的 3%。

2. 橡胶隔振器

(1) 橡胶隔振器的橡胶材料，应根据隔振对象、使用要求、振动频率、工作荷载及蠕变、疲劳和老化等特性综合确定。

(2) 橡胶隔振器的选型应符合下列规定：

1) 当橡胶隔振器承受的动力荷载较大，或机器转速大于 1600r/min，或安装隔振器部位空间受限制时，可采用压缩型橡胶隔振器。

2) 当橡胶隔振器承受的动力荷载较大且机器转速大于 1000r/min 时，可采用压缩-剪切型橡胶隔振器。

3) 当橡胶隔振器承受的动力荷载较小，或机器转速大于 600r/min，或要求振动主方向的刚度较低时，可采用剪切型橡胶隔振器。

3.3.3.3　电容器隔振

电容器元件内部产生的振动大部分从其顶部和底部发出传递给外壳，使箱壁振动并向周围传播，最终形成电容器噪声。因此常对电容器顶面、底面安装隔声、减振装置，如图 3-26 所示。

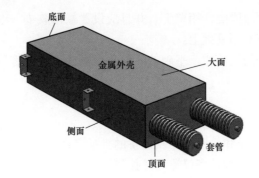

图 3-26　电容器隔振示意图

变电站隔声降噪措施典型设计

4.1 隔声总体设计

4.1.1 隔声总体设计步骤

据《变电站噪声控制技术导则》(DL/T 1518—2016)，变电站隔声总体设计步骤如下：

(1) 估算变电站厂界和周围噪声敏感建筑物处各倍频带声压级。根据选定的变压器（电抗器）63Hz～8kHz标称频带中心频率的 8 个倍频带的功率级，根据第 2 章 2.1.3 变电站噪声预测，计算变电站厂界和周围噪声敏感建筑物处各倍频带的声压级。

(2) 确定允许噪声级和各倍频带的允许声压级。根据变电站和周围噪声敏感建筑物所在声环境功能区确定变电站厂界和周围敏感建筑物的噪声限制值，由倍频带允许声压级查算表（见表 4-1）确定变电站厂界和周围噪声敏感建筑物处 63Hz～8kHz 标称频带中心频率的 8 个倍频带的声压级。

表 4-1 倍频带允许声压级查算   dB

噪声限值	倍频带允许声压级							
	63Hz	125Hz	250Hz	500Hz	1kHz	2kHz	4kHz	8kHz
70	87	79	72	68	65	62	61	59
65	83	83	74	68	63	60	57	55
60	79	70	63	58	55	52	50	49
55	75	66	59	54	50	47	45	44
50	71	61	54	49	45	42	40	38
45	67	57	49	44	40	37	35	33
40	63	52	45	39	35	32	30	28

(3) 计算各倍频带的需要隔声量。各倍频带的需要隔声量应按式 (4-1) 计算：

$$R = L_p - L_{pa} + 5 \qquad (4\text{-}1)$$

式中：R 为各倍频带需要的隔声量 (dB)；L_p 为计算得到厂界或噪声敏感建筑物处各倍频带的声压级 (dB)；L_{pa} 为厂界或噪声敏感建筑物各倍频带的允许声压级 (dB)。

(4) 选择与设计适当的隔声结构和构件。变压器户外布置的变电站可采用隔声屏障，具体设计参考 HJ/T 90。通风风机应根据设计隔声量选择和设计合适的隔声罩。

1）单层均质隔声屏障的隔声量可按式（4-2）计算：

$$R = 16\lg M + 14\lg f - 29 \tag{4-2}$$

式中：R 为隔声量；M 为板的面密度（kg/m²）；f 为入射声波的频率（Hz）。

选用单层隔声结构时，应使被控制噪声源的峰值频率处于结构的共振频率和吻合频率之间。

隔声构件的共振频率和吻合频率可分别按式（4-3）、式（4-4）计算：

$$f_\tau = \frac{\pi}{2}\sqrt{\frac{B}{M}\left(\frac{p^2}{a^2} + \frac{q^2}{b^2}\right)} \tag{4-3}$$

$$f_c = \frac{c^2}{2\pi}\sqrt{\frac{B}{M}} = \frac{c^2}{2\pi t}\sqrt{\frac{12\rho}{E}} \tag{4-4}$$

$$B = \frac{1}{12}Et^3 \tag{4-5}$$

式中：f_τ 为板的共振频率（Hz）；f_c 为板的吻合频率（Hz）；B 为板的劲度；E 为板的弹性模量（N/m²）；t 为板的厚度（m）；M 为板的面密度（kg/m²）；ρ 为板的密度（kg/m²）；a、b 为板的长、宽尺寸（m）；p、q 为任意正整数；c 为声速，常温常压下可取 340m/s。

2）双层隔声屏障的隔声量可按式（4-6）计算：

$$R = 16\lg[(M_1 + M_2)f]M - 30 + \Delta R \tag{4-6}$$

式中：M_1、M_2 为板的面密度（kg/m²）；ΔR 为空气层附加隔声量，可由图 4-1 查得。

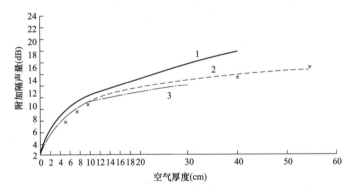

图 4-1　双层板空气层的厚度与附加隔声量的关系

1—加气混凝土双层墙 $M = 140\text{kg/m}^2$；2—无纸石膏板双层墙 $M = 48\text{kg/m}^2$

3）全封闭隔声罩的插入损失可按式（4-7）计算：

$$D = 10\lg[(\overline{a} + \tau)/\tau] = R + 10\lg(\overline{a} + \tau) \tag{4-7}$$

式中：D 为罩的插入损失（dB）；R 为罩的隔声量（dB）；$\overline{a}$ 为罩内表面的平均吸声系数；τ 为罩的透射系数。

4）局部封闭隔声罩的插入损失可按式（4-8）计算：

$$D = 10\lg|(S_0/S_I + \overline{a} + \tau)/(S_0/S_i) + \tau| \tag{4-8}$$

式中：S_I 为罩内表面积（m²）；S_0 为局部开口罩开口面积（m²）。

4.1.2 隔声总体设计原则

1. 一般规定

（1）应根据噪声源的性质、传播形式及其与环境敏感点的位置关系，采用不同的隔声处理方案。

（2）对固定声源进行隔声处理时，宜尽可能靠近噪声源设置隔声措施，如各种设备隔声罩、风机隔声箱。隔声设施应充分密闭，避免缝隙孔洞造成的漏声（特别是低频漏声）；其内壁应采用足够量的吸声处理。

（3）对敏感点采取隔声防护措施时，宜采用隔声间（室）的结构形式，例如隔声值班室、隔声观察窗等；对临街居民建筑可安装隔声窗或通风隔声窗，但这部分在本书中不考虑。

（4）对噪声传播途径进行隔声处理时，可采用具有一定高度的隔声墙或隔声屏障（如利用路堑、土堤、房屋建筑等），在变电站中常利用围墙，必要时应同时采用上述几种结构相结合的形式。

（5）室内的噪声源和受声点大多受到混响反射影响，隔声设计应注意区分自由场（直达声）与混响场（反射声）的不同作用。

2. 隔声构件

（1）环境噪声控制工程中常选用处于质量（密度）控制区的隔声构件，其密度或厚度每增加1倍，理论上隔声量增加6dB。但实际工程中密度或厚度加倍，隔声量大约增加4.5dB。

（2）隔声性能的评价应以计权隔声量 $R_w + C$ 或 $R_w + C_{tr}$ 为准。

（3）采用多层匀质板材组成的中空复合隔声构件时，应符合如下要求：

1）避免构件的吻合效应及声桥的影响。

2）采用两种或两种以上单层壁板简单叠合而成的复合结构，应注意各层单板之间错缝叠合，其隔声特性与当量厚度的匀质单层壁的特性基本相同。

3）彩钢复合板隔声结构中，芯材采用岩棉板的隔声效果优于采用聚苯板或蜂窝纸的；并应注意钢板实际厚度负差的影响。

4）工程实践中宜采用阻尼结构抑制薄板隔声构件因低频共振和吻合效应所形成的隔声低谷，且采用约束阻尼层结构抑制效果更好。

5）对于双层或多层中空隔声构造，宜在两板中间填充一定厚度的吸声材料来降低空腔内的声能量密度，以提高中空构造的隔声性能。

6）隔声门窗边框透射及缝隙漏声对整体隔声性能的影响较大，对低频段尤为明显。应注意边框与门（窗）扇主体材料隔声量的匹配，以及边框间缝隙的密封处理。

4.2 声 屏 障

在噪声源与受声点之间插入一个具有足够面密度的密实材料障碍物，使声波在传播过程中受到障碍物影响而引起明显的衰减，这个障碍物就称为声屏障，如图4-2所示。声屏障因其方便简单的优点成为变电站较常用的降噪措施之一。

4.2.1 声屏障结构设计说明

当声波遇到声屏障时将沿着三条路径传播：一部分越过声屏障顶端绕射到达受声点；一部分穿透声屏障到达受声点；一部分在声屏障壁面上产生反射。声波通过声屏障后声能衰减

变电站噪声治理设计

图 4-2 声屏障

的大小通常用插入损失来衡量，其主要取决于声源发出的声波沿这三条路径传播的声能分配情况。

在声源和接收点之间插入一个隔声屏障，设屏障无限长，声波只能从屏障上方绕射过去，从而形成一个声影区。在这个声影区内，人们可以感到噪声明显减弱了，这就是声屏障降噪。这个声影区的大小与声音的频率有关，频率越高，声影区的范围越大。

1. 声屏障组成

声屏障主要是由钢结构立柱和吸、隔声屏障板

两部分组成。立柱式声屏障的主要受力构件通过高强弹簧卡子将其固定在 H 型立柱槽内，形成隔声屏障。

声屏障的组成包括四部分，如图 4-3 所示，分别是声屏障路基、声屏障板、透明屏体、顶部吸声构造，图中顶部的半圆吸声体随声屏障的不同类型而变化。屏体由声屏障板、吸声材料、支撑件和隔声材料组合而成。其中声屏障板（见图 4-4）通常是由铝穿孔板制作而成，为了保证其具有一定的强度，其穿孔率通常小于 20%。吸声材料通常选用多孔吸声材料，支撑件通常选用轻钢龙骨，隔声板通常选用镀锌钢板。透明屏体通常由铝合金边框和加膜玻璃组合而成。

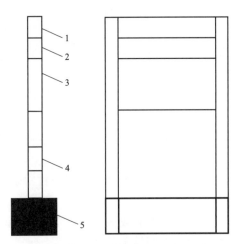

图 4-3 声屏障的构造

1—半圆吸声体；2—声屏障板；3—透明屏体；
4—声屏障板；5—声屏障路基

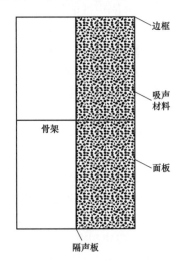

图 4-4 声屏障板的组成

声屏障是用来遮挡声源和接收点之间直达声的措施，因其简单有效、节约土地、降噪较为明显等优点被广泛采用，但其最好的降噪效果不会超过 25dB。声屏障常采用砖、混凝土或钢板、铝板、塑料板、木板等轻质多层的复合结构。变电站中的建筑物、围墙、上坡、堤坝等都可以起到隔声作用，常见墙板隔声量见附表 1。

2. 围墙

变电站的围墙也起着屏障的作用。变电站噪声设计中，常常把声屏障建在围墙上，作为

隔声屏障使用。目前在变电站建设中多采用预制装配式结构，即装配式变电站。装配式墙板是装配式变电站建设的一个重要环节，国外装配式墙板以各类石膏板、石棉水泥板为主，国内装配式墙体采用吸隔声模块板制作。一般吸隔声模块板由光面板（屋顶为带瓦楞板）、吸声材料及镀锌穿孔板组成，可实现模块化生产，现场直接安装等要求。

3. 声屏障声衰减理论

点声源的辐射声波在空间传播过程中的衰减包括几何发散衰减、大气吸收衰减、地面效应衰减、屏障隔声衰减以及其他多方面效应引起的衰减（一般忽略不计）。而噪声在空间传播的衰减分量中，最关键以及受环境影响最大的是屏障的隔声衰减分量。

声屏障降噪理论基础是惠更斯-菲涅尔的波动理论。该理论认为当在声源与接收点的传播路径中增加一声屏障，噪声声波在传播过程中遇到声屏障时，会发生反射、透射和绕射现象。而屏障的隔声损失主要取决于声波绕射引起的差值损失，由于传播路径变长，导致噪声降低。

声屏障的差值损失由式（4-9）计算得到：

$$A_{bar} = -10\log\frac{1}{3+20N} \tag{4-9}$$

其中
$$N = 2\delta/\lambda$$

式中：N 为三个传播方向上的菲涅尔数；λ 为声波波长；δ 为声程差。

声屏障差值损失计算的关键是声程差的计算，可分为单个声屏障与两个声屏障两种情况，如图 4-5 和图 4-6 所示。

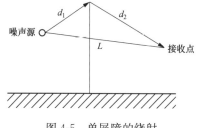

图 4-5　单屏障的绕射

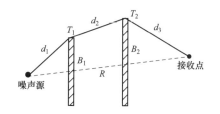

图 4-6　双屏障的绕射

计算单屏障绕射差值损失时，声程差计算公式为式（4-10）：

$$\delta = d_1 + d_2 - L \tag{4-10}$$

双屏障情况下计算公式为式（4-11）：

$$\delta = d_1 + d_2 + d_3 - R \tag{4-11}$$

当点声源与预测点之间的连线与声屏障之间有一定的夹角 a 时，则涅菲尔数 N 的计算式为式（4-12）：

$$N(a) = N\cos a \tag{4-12}$$

由声屏障绕射公式可知，绕射声衰减 A_{bar} 是频率和声程差的函数，即为 $A_{bar}(f, \delta)$，因此计算时需要考虑噪声源的频率特性。而变电站噪声主要为由交变电流引起的电磁振动噪声，其频率为基频的 2 倍，即 $f=100\text{Hz}$，简化计算时取 100Hz。

4.2.2　声屏障结构设计

变电站内建筑物可起到声屏障的作用，其不同的布局会影响噪声的分布情况。屏障的不同位置和不同的高度也会影响其隔声量。因此在对变电站噪声进行治理时，对于变电站的建筑物布局以及声屏障的安置位置和尺寸参数均需要合理设计，以得到最好的降噪效果。

本部分结合具体的 220kV 变电站案例进行详细分析。通过对隔声屏障绕射损失进行研究，对变电站内分别设置不同高度和不同安置位置的声屏障的降噪效果进行分析，并对变电站在不同建筑布局的情况下的噪声分布进行计算，为变电站建设布局及设置声屏障提供一定的依据。

变电站中最主要的噪声源设备是变压器和电抗器。噪声源可按点声源、线声源和面声源来建立模型。当声源长度远小于声源到受声点的距离（当声源至受声点的距离大于声源长度的 3 倍）时，可以将声源看成一个点声源。本案例主要分析变电站围墙外的噪声降噪情况，因此将变压器等噪声源简化为点声源计算。

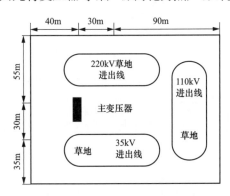

图 4-7　220kV 户外变电站
布局简化示意图

本部分使用 220kV 变电站简化模型，计算时只计及主要噪声来源变压器产生的噪声，将变压器简化为一个点声源，距离地面 2m，并选择距离其 2m 的基准发射面处的倍频带 A 计权声压级进行计算。将位于声源和预测点之间影响声波传播的障碍物简化成薄屏障，模型中将主控楼等效为 10m 的薄屏障，将围墙等效为 2.7m 的薄屏障。220kV 变电站布局简化示意图如图 4-7 所示。

预测点处噪声的计算式为（4-13）：

$$L = L_p - A_{div} - A_{bar} \qquad (4\text{-}13)$$

式中：L 为预测点噪声值声压级；A_{div} 为噪声传播过程中的空间几何发散衰减；A_{bar} 为声屏障绕射衰减。

由于几何衰减分量为距离的函数，其大小仅取决于预测点与声源之间的距离，预测点确定后其几何衰减分量即为常数，因此对于每个固定的预测点而言，噪声大小主要取决于声屏障的衰减作用，即受屏障的不同位置、高度和个数等参数的影响。

4.2.2.1　设计要点

下面以此 220kV 变电站噪声计算模型为基础研究声屏障的隔声效果，计算了屏障的安设位置、高度设置以及加不同的吸声材料时的隔声损失值，并分析设置多个声屏障对噪声分布的影响。

1. 声屏障位置的影响

为分析单个声屏障位置对隔声量的影响，选取噪声预测点为 220kV 变电站西边距围墙 1m 处高 2m 的场点，噪声源为变压器点声源。为计算声屏障在不同位置处的隔声损失效果，将声屏障放置在噪声源与预测点的连线上的不同位置，计算预测点处噪声值。图 4-8 显示了预测点处噪声大小与屏障（主控楼）距离噪声源位置的关系。

另外分别计算了当声源与预测点之间的距离为 40、50、60、70、80、90m 时声屏障声程差的大小。

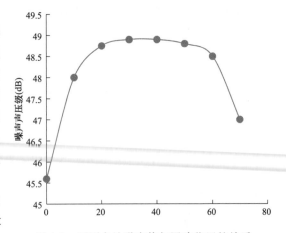

图 4-8　预测点处噪声值与屏障位置的关系

由声屏障绕射公式可知，声程差越大，N 越大，绕射所产生的衰减也越大。当声屏障与声源或者预测点的距离比较近时，声程差都比较大，而在声源与预测点中间位置时声程差最小。而且当预测点与声源距离越小时，声屏障在同一位置产生的衰减会越大，因此应将声屏障安置在声源或者预测点附近。如果变电站外有敏感点，将声屏障安置在敏感点附近可得到更好的降噪效果。

2. 声屏障高度的影响

声屏障的隔声损失取决于声程差，而屏障高度不同时，声程差也会变化。选择距离变压器 70m 高度为 2m 处的点为预测点，分析声屏障高度与其绕射衰减量的关系。预测点处的噪声值与声屏障高度的关系如图 4-9 所示。

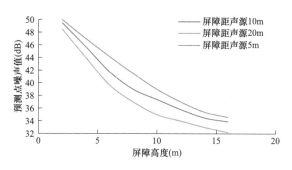

图 4-9　预测点噪声与声屏障高度的关系

由图 4-9 可知，随着声屏障高度的增加，预测点处噪声值不断减小；当屏障高度＜6m 时，隔声衰减量增加较快，而当声屏障高度＞6m 时，隔声衰减量增加较缓慢。可见隔声衰减量并不随屏障高度的增加而线性增加。对每个频段上噪声衰减进行计算，由于单屏绕射每个频段最大衰减不超过 20dB，当计算值大于 20dB 时取为 20dB，结果如表 4-2 所示。

表 4-2　　　　　声屏障距变压器 20m 时各中心频率绕射量与高度的关系　　　　　dB

高度 H（m）	频率（Hz）							
	63	125	250	500	1000	2000	4000	8000
3	7.26	8.82	10.87	13.31	16.01	18.85	20.00	20.00
5	9.74	11.96	14.54	17.31	20.00	20.00	20.00	20.00
7	11.88	14.42	17.19	20.00	20.00	20.00	20.00	20.00
10	14.45	17.18	20.00	20.00	20.00	20.00	20.00	20.00

可见当声屏障高度增加时，高频段的噪声衰减很快达到饱和值，总的噪声衰减速度将变小，且当屏障安置的位置比较合适时，屏障的高度会在更低时就达到衰减的最大作用。因此在设置屏障时应首先考虑最佳安置位置，然后根据所需衰减量计算出最合适、性价比最高的屏障高度。

3. 声屏障上加吸声材料的作用

根据声屏障绕射公式可知，当噪声频率越高时，波长越短，涅菲尔数 N 越大，隔声损失越大，因此声屏障在高频段的隔声效果较好。而由于变电站噪声能量主要集中在低频段，需要在屏障上加吸声材料来增加隔声降噪效果。加了吸声材料后，在计算屏障的隔声量时不仅要计算屏障绕射引起的损失，还要加上吸声材料的吸声降噪值，计算公式为（4-14）：

$$A = -10\lg\left[1 - \sum_{i=1}^{n} a_i \times 10^{0.1(L_i - L_T)}\right] \qquad (4-14)$$

式中：A 为吸声降噪值；a 为吸声材料的吸声系数；L_i 为每个频率吸声前声压级；L_T 为吸声前总声压级。

加入吸声材料后声屏障的总传声损失 ΔL 的计算公式为式（4-15）：

$$\Delta L = A + A_{bar} \tag{4-15}$$

仍使用上述 220kV 变压器数据，假设屏障距变压器 5m，高度为 5m，预测点为围墙处变压器与屏障的垂线上与变压器同高的地方。吸声材料在各频段的吸声系数如表 4-3 所示，声屏障用三种不同材料时预测点处的噪声值对比图如图 4-10 所示。

表 4-3　　　　　　　　　　几种吸声材料的吸声降噪量（吸声系数）

材料	频率（Hz）					平均值
	125	250	500	1000	2000	
超细玻璃棉	0.05	0.24	0.72	0.97	0.90	0.65
双层阻抗复合板	0.54	0.80	0.94	0.80	0.84	0.78
微穿孔板	0.68	0.98	0.86	0.60	0.50	0.71

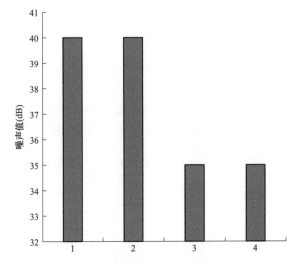

图 4-10　使用不同材料时预测点处噪声值

1—反射型声屏障；2—超细玻璃棉；3—双层阻抗复合板；4—微穿孔板

由图 4-10 可知，加吸声材料后，屏障的降噪作用会增加 2~5dB，三种材料中平均吸声系数最高的为阻抗复合板，高频吸声效果较好的为超细玻璃棉，低频吸声效果较好的为微穿孔板。由于变电站噪声低频特性突出，当使用微穿孔板时预测点处的噪声值最小。可见变电站在选用吸声降噪材料时，不能只考虑平均吸声系数，而是应该选择中低频段吸声系数较大的材料，其对于变电站的噪声降噪效果会更好。

4. 多个声屏障对噪声分布的影响

（1）当声屏障分布在噪声源一侧时，接收点与声源之间的传播路径上有多个屏障，如图 4-6 所示。采用凸包法选择 2 个对绕射贡献最大的声屏障计算双绕射插值损失。

对围墙外场点的噪声值进行计算，分别对没有屏障、1 个屏障和 2 个屏障（含多个）的情况进行了分析。

假设围墙高度为 2.7m，屏障高度为 5m，仿真结果如图 4-11 所示。可见，增加一个声屏障可以减少 8～10dB 的噪声值，而设置 2 个或者多个声屏障时则可以减少 12～15dB 的噪声值。设置声屏障可以比较有效地降低噪声值，但声屏障的隔声效果并不与其个数成正比。

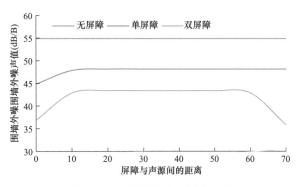

图 4-11　不同屏障个数隔声损失

（2）当声屏障分布在噪声源两侧时，由于屏障有反射作用，声波会在屏障间发生多次反射，因此采用镜像声源法，接收点的声压为直达声和反射声叠加，即为声源和镜像声源引起的总声压。根据镜像原理，声屏障外任意一点处的声压由无穷多个镜像声源叠加而成，计算时仅取影响最大的几个镜像声源。

5. 变电站内建筑物布局

为研究变电站内建筑物布局对噪声衰减的影响，分别计算了无建筑物、变压器一侧有建筑物与变压器两侧均有建筑物时（见图 4-12）的两侧噪声值。

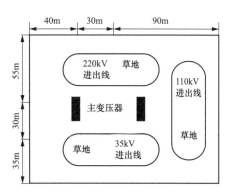

图 4-12　建筑物分布在主变压器两侧时变电站简化示意图

为简化计算，将变电站噪声等效为 $f=100$Hz，不考虑围墙的影响，预测点在围墙处与变压器同高度 2m 的地方。计算结果如表 4-4 所示。

表 4-4　　　　　　　　　建筑物不同分布时噪声预测值　　　　　　　　　　dB

变压器两侧建筑物分布情况	西侧预测点处噪声值	东侧预测点处噪声值
无建筑物	54.10	51.00
西侧有建筑物	40.20	53.27
两侧均有建筑物	41.76	40.58

由表 4-5 可知，经建筑物阻碍后，噪声衰减可增加 10dB 左右；但是在一侧有建筑物时，另一侧会由于建筑物的反射作用使噪声值增大，因此应将建筑物建在变电站周边有敏感点的一侧；若在噪声源两侧均有敏感点，应将建筑物设置在两侧，若只在一侧排列则会加重另一侧的噪声。通过对变电站内建筑布局进行优化，可以在基本不增加建设投入的前提下取得一定的降噪效果。

4.2.2.2　声屏障的设计步骤

1. 确定声屏障设计目标值

（1）噪声保护对象的确定。根据声环境评价的要求确定噪声防护对象，它可以是一个区域，也可以是一个或一群建筑物。对于输变电工程而言，常常是针对单独的变压器或电抗器等。

（2）代表性受声点的确定。代表性受声点通常选择噪声最严重的敏感点，它根据防护对象相对的位置以及地形地貌来确定，它可以是一个点，或者是一组点。通常，代表性受声点处插入损失能满足要求，则该区域的插入损失也能满足要求。随着变电站进入居民区，常选取离变电站厂界较近的敏感点作为代表受声点。

（3）声屏障建造前背景噪声值的确定。对现有工程，代表性受声点的背景噪声值可由现场实测得到。

（4）声屏障设计目标值的确定。声屏障设计目标值的确定与受声点处的背景噪声值以及环境噪声标准值的大小有关。如果受声点的背景噪声值等于或低于功能区的环境噪声标准值，则设计目标值可以由工程噪声值（实测或预测的）减去环境噪声标准值来确定。当采用声屏障技术不能达到环境噪声标准或背景噪声值时，设计目标值也可在考虑其他降噪措施的同时（如建筑物隔声），根据实际情况确定。

2. 位置的确定

变电站隔声屏障的设置应根据变电站噪声源与噪声敏感建筑物的相对位置和周围地形的情况，按照下列规则确定：

（1）隔声屏障宜靠近声源、敏感建筑物或可利用的上坡、堤坝等障碍物。

（2）变电站周围噪声敏感建筑物较多且分布零散，或噪声敏感建筑物地势较高或为高层建筑时，应将隔声屏障设置在靠近变压器（电抗器）一侧，同时应与带电部件保留足够的安全距离，并考虑对设备巡视、检修的影响。

（3）变电站周围噪声敏感建筑物集中，离变电站厂界较近且位置较低时，可将声屏障设置在靠近噪声敏感建筑物的厂界附近。

3. 几何尺寸的确定

根据设计目标值，可以确定几组声屏障的长与高，形成多个组合方案，计算每个方案的插入损失，保留达到设计目标值的方案，并进行比选，选择最优方案。

4. 声屏障绕射声衰减 ΔL_d 的计算

根据选定的声屏障位置和屏障的高度，确定声程差 δ，根据声源类型（点声源或线声源），计算衰减量。在任何频带上，在单绕射（即薄屏障）情况下，A_{bar} 最大取 20dB；在双绕射（即厚屏际）情况下，A_{bar} 最大取 25dB。

5. 声屏障的隔声要求

（1）合理选择与设计声屏障的材料及厚度，若声屏障的传声损失 $T_L - \Delta L_d > 10$dB，此时可忽略透射声影响，即 $\Delta L_t \approx 0$。一般 T_L 取 20~30dB。

（2）若 $T_L - \Delta L_d < 10$dB，则需计算透射声修正量。

6. 声屏障吸声结构的设计

（1）当双侧安装声屏障时，应在朝声源一侧安装吸声结构；当声屏障仅为一侧安装时，可以不考虑吸声结构。

（2）吸声型声屏障的反射声修正量 ΔL_r 值取决于平行声屏障之间的距离、声屏障的高度、受声点距声屏障的水平距离、声屏障吸声结构的降噪系数以及声源与受声点的高度。

（3）吸声结构的降噪系数 N_{RC} 应大于 0.5。

（4）根据（2）所述的各参数的实际尺寸，按照《声屏障声学设计和测量规范》（HJ/T 90—2004）中规范性附录 A 求得反射声修正量 ΔL_r。

（5）吸声结构的吸声性能不应受到户外恶劣气候环境的影响。

7. 声屏障形状及结构的选择

（1）声屏障的几何形状主要有直立型、折板型、弯曲型、半封闭或全封闭型，选择时主要依据插入损失和现场的条件决定。对于非直立型声屏障，其等效高度等于声源至声屏障顶端连线与直立部分延长线的交点的高度。

（2）使用单层隔声屏障时，应使被控制噪声源的峰值频率处于隔声结构的中间，可采用复合结构。使用双层隔声屏障时，应满足以下规定：

1）隔声屏障的共振频率应低于被控制噪声源的峰值频率；

2）隔声屏障的吻合频率不宜出现在中频段；

3）各层的厚度不宜相同，或采用不同刚度，或加阻尼；

4）双层结构间的空气层厚度不宜小于 50mm，宜填充多孔吸声材料。

8. 声屏障插入损失的确定

声屏障的插入损失在计算了各项修正后，按式（4-16）计算得到：

$$I_L = \Delta L_d - \Delta L_t - \Delta L_r - (\Delta L_s, \Delta L_G)_{max} \qquad (4\text{-}16)$$

式中：ΔL_s 表示障碍物的衰减量；ΔL_G 表示地面声吸收衰减量；符号 max 表示取 ΔL_s 和 ΔL_G 的最大者。这是因为一般这两者不会同时存在，如果有其他屏障或障碍物存在，地面效应 ΔL_G 会被破坏掉。只有贴近地面，地面声吸收的衰减才会明显。一旦设计的声屏障建成，原有的屏障或障碍物的地面声吸收效应都会失去作用。

9. 声屏障设计的调整

若设计得到的插入损失达不到降噪的设计目标值，则需要调整声屏障的高度、长度或声屏障与声源或受声点的距离，或者调整降噪系数 N_{RC}。经反复调整计算，直至达到设计目标值。

此外，低坡、山丘、堤岸等对声传播都有影响，可以借助它们起到声屏障的作用。可充分利用它们替代部分声屏障，以节省修建道路声屏障的费用。若声屏障建造在这些障碍物上，则声屏障的高度需加上障碍物的高度。

4.2.3 声屏障设计案例

1. 变电站概况

在第 2 章 2.3.2 的案例中，该 500kV 变电站位于乡村，后经多次扩建工程，目前规模为 2 组主变压器，容量分别为 750MVA（1 号主变压器）和 1000MVA（2 号主变压器），500kV 出线 10 回（含备用线路 1 回），无功补偿配置有 $1 \times 150Mvar$ 和 $2 \times 180Mvar$ 高压电抗器、$3 \times 60Mvar$ 低压并联电抗器、$4 \times 60Mvar$ 低压并联电容器。变电站暂无扩建计划。站区呈三列式布置，主变压器布置于站区中央，介于 500kV 配电装置和 220kV 配电装置之间。500kV 配电装置布置在站区西侧，向南、北两个方向出线；220kV 配电装置布置在站区东侧，向东方向出线；主控综合楼布置在站前区；继电器保护小室分别布置于配电装置场地内，目前站内无降噪措施。

变电站厂界及敏感点位置如图 4-13 所示。

图 4-13 变电站厂界及敏感点测点位置示意图

对选择的敏感点及厂界的噪声监测，结果如表 4-5 和表 4-6 所示。

表 4-5 敏感点噪声监测结果

敏感点编号	相对位置（m）	噪声值［dB(A)］
1	西侧 44	43.3
2	西南 52	44.3
3	南侧 52	48.5

表 4-6 厂 界 噪 声 监 测 结 果

厂界测点编号	测点高度（m）	等效连续 A 声级［dB(A)］	厂界测点编号	测点高度（m）	等效连续 A 声级［dB(A)］
1	地面以上 1.2	51.1	12	地面以上 1.2	46.7
2	地面以上 1.2	48.3	13	地面以上 1.2	44.4
3	地面以上 1.2	48.5	14	地面以上 1.2	44.2
4	围墙以上 0.5	60.9	15	地面以上 1.2	46.3
5	围墙以上 0.5	50.8	16	地面以上 1.2	39.3
6	围墙以上 0.5	44.9	17	地面以上 1.2	38.5
7	围墙以上 0.5	49.3	18	地面以上 1.2	42.2
8	围墙以上 0.5	51.4	19	地面以上 1.2	40.3
9	围墙以上 0.5	58.4	20	地面以上 1.2	41.1
10	地面以上 1.2	49.2	21	地面以上 1.2	38.9
11	地面以上 1.2	46.7	—	—	—

由监测结果可知，厂界点 1、4、5、8、9 及南侧敏感点 3 存在噪声超标现象，厂界超标点等效连续 A 声级最高达 60.9dB(A)，超标严重。

2. 降噪方案

根据 SoundPLAN7.3 噪声影响分析软件预测结果，噪声超标范围主要集中在西北侧厂界和南侧厂界的高压电抗器附近，因此高压电抗器噪声的治理是本次降噪改造的重点。参考以往工程经验和预测结果，根据高压电抗器附近隔声屏障的布设方式，提出以下 4 种方案。

方案 1：在站区北侧靠近高压电抗器设备的超标区域厂界内设置所需高度的隔声屏障，在站区南侧靠近高压电抗器设备的超标区域厂界内（墙段 3、5）及厂界处（墙段 4）三面设置所需高度的隔声屏障，降噪措施平面布置如图 4-14 所示。

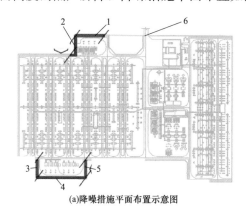 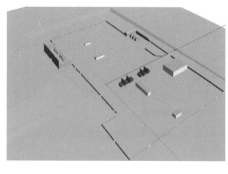

(a)降噪措施平面布置示意图　　　　　　　　　　　(b)预测三维模型图

图 4-14　方案 1 降噪措施平面布置示意图及预测三维模型图（不拆迁）

1—声屏障布置在现有围墙内侧，长 45m，高 5m，底部镂空 1m；2—拆除现有围墙，新建 2.5m 高围墙，围墙上方设置声屏障，长 37m，总高 6m（不含弯折），声屏障顶部向站外折弯 45°，弯折长度 1.5m；3—声屏障布置于现有围墙内侧，长 28m，高 7m，底部镂空 1m；4—拆除现有围墙，新建 5m 高围墙，围墙上方设置声屏障，总高 13m，长 75m；5—声屏障布置于现有围墙内侧，长 28m，高 75m，底部镂空 1m；6—大门更换为 9m、高 3m 的铁皮门

方案 2：在站区北侧靠近高压电抗器设备的超标区域厂界内设置所需高度的隔声屏障，在站区南侧靠近高压电抗器设备的超标区域厂界内（墙段 3、5）和站边坡上（墙段 4）设置所需高度的隔声屏障，降噪措施平面布置如图 4-15 所示。

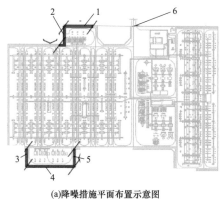 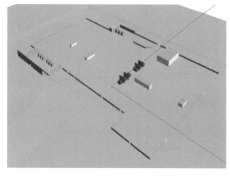

(a)降噪措施平面布置示意图　　　　　　　　　　　(b)预测三维模型图

图 4-15　方案 2 降噪措施平面布置示意图及预测三维模型图（拆迁）

1—声屏障布置在现有围墙内侧，长 45m，高 5m，底部镂空 1m；2—拆除现有围墙，新建 2.5m 高围墙，围墙上方设置声屏障，长 37m，总高 6m（不含弯折），声屏障顶部向站外折弯 45°，弯折长度 1.5m；3—声屏障布置于现有围墙内侧，长 28m，高 7m，底部镂空 1m；4—声屏障布置于站外边坡上，高 9m，长 83m；5—声屏障布置于现有围墙内侧，长 28m，高 75m，底部镂空 1m；6—大门更换为 9m、高 3m 的铁皮门

方案 3：在站区北侧靠近高压电抗器设备的超标区域厂界内设置所需高度的隔声屏障，在站区南侧高压电抗器设备区域靠近声源处设置所需高度的隔声屏障，并对防火墙进行吸声

处理，降噪措施平面布置如图 4-16 所示。

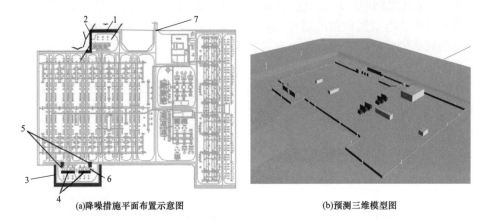

(a)降噪措施平面布置示意图　　　　　(b)预测三维模型图

图 4-16　方案 3 降噪措施平面布置示意图及预测三维模型

1—声屏障布置在现有围墙内侧，长 45m，高 5m，底部镂空 1m；2—拆除现有围墙，新建 2.5m 高围墙，围墙上方设置声屏障，长 37m，总高 6m（不含弯折），声屏障顶部向站外折弯 45°，弯折长度 1.5m；3—声屏障布置于现有围墙内侧，长 28m，高 7m，底部镂空 1m；4—高压电抗器屏障，两段均高 7m、长 22m；5—高压电抗器屏障，两段均高 6m、长 5m，屏障由防火墙延伸到马路边（长 3m），再平行马路布置（长 2m）；6—高压电抗器防火墙贴吸声体，共 12 面，每面长 11m，高 6m，每台高压电抗器配置一台散热风机，共 6 台；7—大门更换为长 9m、高 3m 铁皮门

　　方案 4：在站区北侧靠近高压电抗器设备的超标区域厂界内设置所需高度的隔声屏障，在站区南侧高压电抗器设备区域靠近声源处设置所需高度的隔声屏障（设置方式与方案 3 不同），并对防火墙进行吸声处理，降噪措施平面布置如图 4-17 所示。

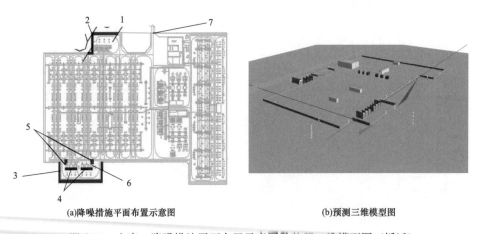

(a)降噪措施平面布置示意图　　　　　(b)预测三维模型图

图 4-17　方案 4 降噪措施平面布置示意图及预测三维模型图（拆迁）

1—声屏障布置在现有围墙内侧，长 45m，高 5m，底部镂空 1m；2—拆除现有围墙，新建 2.5m 高围墙，围墙上方设置声屏障，长 37m，总高 6m（不含弯折），声屏障顶部向站外折弯 45°，弯折长度 1.5m；3—声屏障布置于现有围墙内侧，长 28m，高 7m，底部镂空 1m；4—对每个高压电抗器设置半 box-in 措施，每套长 8m，竖向挡板高 7m，横向挡板长 4m，共 6 套；5—高压电抗器屏障，两段均高 6m、长 5m，屏障由防火墙延伸到马路边（长 3m），再平行马路布置（长 2m）；6—高压电抗器防火墙贴吸声体，共 12 面，每面长 11m，高 6m，每台高压电抗器配置一台散热风机，共 6 台；7—大门更换为长 9m、高 3m 铁皮门

3. 降噪方案范围

方案 1：在站区厂界设置 6 个降噪措施：①在北侧超标厂界内侧设置长 45m、高 5m 声屏障，底部镂空 1m；②拆除西北侧超标厂界，新建长 37m、高 2.5m 围墙，围墙上方设置声屏障，声屏障分竖直段和弯折段（向站外 45°弯折），其中竖直段长 3.5m，弯折长 1.5m；③在南侧超标厂界内侧设置两段（③、⑤）长 28m，高 7m 声屏障，底部镂空 1m；④拆除现有部分南侧围墙，新建 5m 高围墙，围墙上方设置隔声屏障，总高 13m，长 75m；⑤更换站大门为高 3m、长 9m 铁皮门。

方案 2：在站区厂界设置 6 个降噪措施：①在北侧超标厂界内侧设置长 45m、高 5m 声屏障，底部镂空 1m；②拆除西北侧超标厂界，新建长 37m、高 2.5m 围墙，围墙上方设置声屏障，声屏障分竖直段和弯折段（向站外 45°弯折），其中竖直段长 3.5m，弯折长 1.5m；③在南侧超标厂界内侧设置两段（③、⑤）长 28m，高 7m 声屏障，底部镂空 1m；④在现有南侧围墙外边坡上设置隔声屏障，总高 9m，长 83m；⑤更换站大门为高 3m、长 9m 铁皮门。

方案 3：在站区厂界及站内设置 7 个降噪措施：①在北侧超标厂界内侧设置长 45m、高 5m 声屏障，底部镂空 1m；②拆除西北侧超标厂界，新建长 37m、高 2.5m 围墙，围墙上方设置声屏障，声屏障分竖直段和弯折段（向站外 45°弯折），其中竖直段长 3.5m，弯折长 1.5m；③在南侧超标厂界内侧设置高 3m、长 134m 声屏障，底部镂空 1m；④在站区南侧两组高压电抗器现有防火墙南侧设置高 6m 隔声屏障，声屏障顶部正对高压电抗器设置长 2m、深 0.5m 凹槽；⑤站区南侧防火墙东西两端防火墙进行延伸，延伸长度 5m；⑥在站区南侧防火墙面设置吸声体（共 12 个面），对每台高压电抗器配备一台散热风机（共 6 台）；⑦更换站大门为高 3m、长 9m 铁皮门。

方案 4：在站区厂界及站内设置 7 个降噪措施：①在北侧超标厂界内侧设置长 45m、高 5m 声屏障，底部镂空 1m；②拆除西北侧超标厂界，新建长 37m、高 2.5m 围墙，围墙上方设置声屏障，声屏障分竖直段和弯折段（向站外 45°弯折），其中竖直段长 3.5m，弯折长 1.5m；③在南侧超标厂界内侧设置高 3m、长 134m 声屏障；④在站区南侧两组高压电抗器 ABC 相各设置一个半 box-in 措施，由竖向和横向两个挡板组成，每个挡板长 4m；⑤站区南侧防火墙东西两端防火墙进行延伸，延伸长度 5m；⑥在站区南侧防火墙面设置吸声体（共 12 个面），对每台高压电抗器配备一台散热风机（共 6 台）；⑦更换站大门为高 3m、长 9m 铁皮门。

从降噪方案角度分析，4 种方案均可以满足厂界噪声达标。以方案 1 为例，方案 1 中屏障高度最高 13m，用以保证变电站南侧敏感点达标。通过仿真计算，如果此处屏障采用 12m 高度，敏感点 3 四楼噪声预测结果为 45.1dB(A)，噪声夜间超标 0.1dB。因此，此处屏障高度选取合理。

4.2.4 小结

本节以声屏障的结构设计为重心，介绍了声屏障相关概念、组成和声衰减理论、设计选型的要点及步骤，并结合实际案例阐述了声屏障在变电站的应用设计。根据相关规定，先确定变电站的声屏障设计目标值，再来进行声屏障的设计。降噪效果主要取决于噪声的频率成分和传播行程差，而传播行程差与声屏障的高度、声源和接收点相对于声屏障的位置有关系，同时声屏障降噪效果也和声屏障的形状、构造和吸声性能、声屏障个数、声屏障布局、安装范围内其他建筑物布局等均有关系。通过仿真分析可知，要获取最佳的隔声降噪效果须注意：

（1）声屏障的高度并不是越高越好，当达到一定高度后，效果增加不再明显，应该根据需要降低的量合理设置。

（2）声屏障设置最好在声源或者敏感点附近。

（3）加低频吸声系数大的吸声材料。

（4）多个声屏障的隔声效果比一个好，但是若位置安设不合适会使得敏感点处的噪声增大，应尽量将声屏障设置在声源与敏感点的噪声传播路径上。

4.3　隔声门、窗

4.3.1　隔声门、窗结构设计说明

普通门只具有门的基本功能，没有做相应的隔声设计，因此都没有很好的隔声性能。例如，木质门实测的隔声量在15～18dB；钢质门由于面密度增大，且门缝里设置了密封胶条，隔声量增加至20～22dB；而塑料门质轻，门扇壁面薄，密封不理想，隔声量也不高。

隔声门与普通门相比，增加了专门的隔声结构设计。隔声门设计的主要关注点在门扇和门缝。门扇的隔声性能决定了隔声门可能达到的最高隔声量，而门缝的处理决定了隔声门实际所能达到的最大隔声量。

隔声窗与门的情况相似，玻璃窗的隔声能力与扇框间缝隙密封情况决定了窗户的隔声性能。使用钢制、铝制、塑料制的窗框配合单层玻璃，隔声量一般在20dB左右，密封条件良好时，可达到30dB。

部分隔声罩、隔声间出于检修、通风等要求需要设置隔声门、窗，如图4-18、图4-19所示。由于门具有开关的功能，关门状态下，门与门框之间必留有门缝，因此门的隔声性能不仅取决于门扇的隔声能力，还受门缝影响。理想状态下，门的隔声量等于门扇的隔声量，是门的最大隔声量；但实际上，门的隔声量受框扇缝隙大小、长短及其密封处理方法影响而达不到最大隔声量，这在中高频段较为明显。

图4-18　变压器隔声门　　　　　　　　　　图4-19　变压器隔声窗

1．隔声门

目前常用的密缝措施有门缝单企口挤压、双企口挤压、斜口挤压和冲气挤压四种。表4-7给出了4种复合结构木门的隔声性能。

表 4-7   **4 种复合结构木门的隔声性能**   dB

编号	结构简述	密缝处理	频率（Hz）						平均隔声量
			125	250	500	1000	2000	4000	
1	双层纤维板门，中填矿棉	橡胶	19.5	22.01	26.0	30.5	31.0	29.5	26.3
2	双层五合板门，中填矿棉	橡胶	21.5	21.0	25.5	29.1	30.5	31.6	26.5
3	胶合板与木板复合	门槛	23.0	23.5	30.5	33.0	34.5	33.5	29.7
4	碎木板门，自落门槛	门槛	23.5	24.4	31.0	32.5	35.0	37.6	30.6

对于变电站隔声门，常用的门缝处理方法包括全密封、双橡胶 9 字形体条、单道软橡胶 9 字形条、包毛毡、门缝消声器等。常见的门的隔声量见附表 2。

2. 隔声窗

窗的隔声是最薄弱的环节。单层玻璃窗的隔声量取决于玻璃的厚度和缝隙的严密程度。窗的隔声量与玻璃厚度的统计关系可用式（4-17）表示如下：

$$R = 10.51\lg h + 19.3 \tag{4-17}$$

式中：R 为单层玻璃窗的隔声量（dB）；h 为玻璃的厚度（mm）。

常用单层玻璃窗的隔声量其实验室的测定结果见表 4-8。应该指出，表内数值在现场条件时，一般情况下是达不到的。

表 4-8   **常用单层玻璃隔声量（实验室测定）**

窗的面积（m²）	玻璃厚度（mm）	下述频率（Hz）的隔声量（dB）						平均隔声量 $\overline{R}$（dB）
		125	250	500	1000	2000	3150 4000	
2.0	3.0	21	22	23	27	30	30	24
2.0	4.0	22	24	28	30	32	29	25
2.0	6.0	25	27	29	34	29	30	27
2.0	8.0	31	28	31	32	30	37	30
2.0	10.0	32	31	32	32	32	38	32
2.0	12.0	32	31	32	33	33	41	33
2.0	15.0	36	33	33	28	39	14	34

由表 4-8 可见，增加玻璃厚度来提高窗的隔声量并不经济，因此为了提高窗的隔声量都采用双层窗。双层窗在减少低频的共振和中高频的吻合效应上都优于单层窗。双层窗的隔声量除了与玻璃厚度和缝的严密程度有关外，还取决于双层窗间的距离和边框内的吸声材料。缝隙严密程度和边框内有无吸声处理相差 4～8dB，不同厚度玻璃的双层窗，实验室测定的隔声量见表 4-9。需要说明的是，在现场条件下，由于大量加工制作和安装条件等原因，一般达不到实验室的要求。

表 4-9   **不同玻璃厚度的双层窗隔声测定结果**

窗面积（m²，窗框有吸声处理）	玻璃窗的组合			下述频率（Hz）的隔声量（dB）						平均隔声量（dB）
	一层厚	间隔	二层厚	125	250	500	1000	2000	4000	
1.9	3	8		17	24	25	30	38	38	27
1.9	3	32	3	18	28	36	41	36	40	32
1.8	3	100	3	24	34	41	46	52	55	39

窗面积（m²，窗框有吸声处理）	玻璃窗的组合			下述频率（Hz）的隔声量（dB）						平均隔声量（dB）
	一层厚	间隔	二层厚	125	250	500	1000	2000	4000	
3.0	3	200	3	36	29	43	51	46	47	42
1.13	4	8	4	20	19	22	35	41	37	28
1.8	4	100	4	29	35	41	46	52	43	40
3.0	4	254	4	31	41	50	50	51	44	44
3.8	6	10	6	22	21	28	36	30	32	28
1.8	6	100	6	32	38	40	45	50	42	40
1.8	6	100	3	26	32	39	39	46	47	37

表 4-10 给出了 4 种钢窗和铝合金窗的现场实测的隔声量。

表 4-10 　　　　　　　　**4 种钢窗和铝合金窗的现场实测的隔声量**

层数	构造简述	下述频率（Hz）的隔声量（dB）						平均隔声量（dB）
		125	250	500	1000	2000	4000	
单层窗	铝合金推拉窗 4.0mm 厚玻璃	26.0	22.5	24.0	26.5	28.0	30.0	26.0
双层窗	双层空腹钢窗 5.0mm 厚装璃	26.5	24.8	26.0	31.5	33.0	37.0	29.8
双层窗	"比式"钢窗 4.0mm 厚玻璃	23.5	25.5	29.5	32.5	34.0	40.5	30.9
双层窗	空腹钢窗，框内设吸声材料，6.0mm 厚玻璃	31.1	39.3	41.4	45.8	35.8	46.2	39.9

由于门、窗的隔声量一般都低于墙体（罩体）的隔声量，因此变电站隔声间（隔声罩）外墙或外罩上设置门、窗将降低整体隔声性能，尤其是窗的设置会较大程度地影响整体隔声效果，影响程度取决于窗的隔声量和窗与墙的面积比。以隔声间设置隔声窗为例，在 240mm 砖墙上开设不同大小的窗时，对墙体隔声量的影响程度见表 4-11。表内值是设单层窗的隔声量为 20dB，双层窗的隔声量为 40dB，240mm 砖墙体本身的隔声量为 50dB 求得的。

表 4-11 　　　　　　　　**开窗面积对外墙隔声的影响程度**

窗面积占墙面积的比例（%）	设有窗的墙的隔声量（dB）		窗面积占墙面积的比例（%）	设有窗的墙的隔声量 $\overline{R}$(dB)	
	单层窗（$\overline{R}=20$dB）	双层窗（$\overline{R}=40$dB）		单层窗（$\overline{R}=20$dB）	双层窗（$\overline{R}=40$dB）
0	50	50	50	23	43
10	30	47	75	21	41
25	26	45	100	20	40
33	25	44	—	—	—

根据窗与墙的面积比和各自的隔声量，可从图 4-20 内查得组合构件的隔声量。图中横坐标为墙与窗的隔声量差值，$\Delta R = R_1 - R_2$（dB）；纵坐标为墙体隔声量的降低值。在变电站中常用的隔声窗及其隔声性能见附表 3。

3. 门、窗设计原则

（1）为提高隔声门扇的隔声量，可采取下列措施：

1）采用不同面密度的材料组成多层复合结构门扇时，宜选用临界频率高于 3150Hz 的薄板材料，也可在板材上涂刷阻尼材料来抑制板的振动和结构噪声辐射。

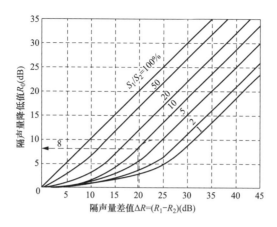

图 4-20 组合构建隔声量计算

2）在门扇的空腔中填充吸声材料。

3）改善门缝的密封，使用升降式（自闭）合页或自垂式门底板。

（2）采用双道隔声门时，可加大双道门之间的空间，做成门斗形式以形成声闸；同时在门斗的各个内表面做吸声处理，以产生附加隔声量。

（3）为提高窗的隔声量，可采取下列措施：

1）采用特殊构造玻璃或双层窗乃至多层窗构造代替单层玻璃窗以提高隔声量。

2）采用两层或三层不同厚度的玻璃叠合而成的隔声窗，代替采用相同厚度单层玻璃的隔声窗。

3）采用夹层玻璃（又称为夹胶玻璃）的隔声窗，其隔声性能优于单层玻璃隔声窗和不同厚度玻璃叠合而成的隔声窗。

4）常规中空玻璃窗对隔声性能的提升有限，若设计不当会还导致耦合共振、吻合效应和驻波共振等声学缺陷，应审慎采用。

5）推拉式门窗的隔声量普遍较低，当需要较高隔声量时，应选用平开式隔声门窗。

（4）大型冷却塔和风冷室外机组应因地制宜地采用不同隔声结构或隔声与通风消声复合结构，降低其环境噪声影响。对其进行隔声处理的要求如下：

1）当室外大型冷却塔和风冷室外机组相对于敏感点处于较高位置且对侧没有大型反射面时，可以采用较为简单的声屏障隔声方案，但必要时应在对应机组进风口的位置开设足够通流面积的通风消声器。

2）当室外大型冷却塔和风冷室外机组相对于敏感点处于较低位置或对侧有大型反射面时，应采用全封闭或半封闭隔声罩配合足够通流面积的进风、排风消声器的全封闭隔声、消声组合降噪措施。

4.3.2 隔声门、窗结构设计

1. 设计要点

（1）隔声门应符合《环境保护产品技术要求 隔声门》（HJ/T 379—2007）的要求，并按照经规定程序批准的图纸及技术文件制造；隔声窗应参照《隔声窗》（HJ/T 17—1996）相关要求设计。

隔声门的门扇、门框的宽度、高度允许偏差应符合表 4-12 的规定。

表 4-12 宽度与高度的允许偏差 mm

宽度、高度	≤1500	>1500
最大允许偏差	+2 −1	+3 −1

隔声门对角线长度允许偏差应符合表 4-13 的规定。

表 4-13 对角线长度允许偏差 mm

对角线长度	≤2000	>2000
允许偏差	≤3	≤4

门扇、门框应密闭良好，四角组装牢固，不应有松动、锤迹、破裂及加工变形等缺陷。各种零部件安装位置应准确、牢固。门扇及门锁除满足使用及安全等要求外，应启闭灵活。隔声门的表面应平整、光洁，满足装修要求。

(2) 变电站隔声门应根据所需的隔声量选择合适的等级和形式。户内变电站主变压器室外侧为 0 类、1 类声功能区或近距离噪声敏感建筑物分布较多时，主变压器室不宜设计全开全关式检修大门，可只设小型检修隔声门，检修隔声门的隔声量不应小于 30dB（3 类等级隔声门）。

(3) 变电站隔声窗应根据所需的隔声量选择合适的等级和形式。根据《建筑门窗空气声隔声性能分级及检测方法》（GBT 8485—2008），隔声窗外为 0 类、1 类声功能区或近距离噪声敏感建筑物分布较多时，宜采用双层或多层隔声窗。隔声窗的隔声量不应小于 30dB（3 类等级隔声窗）。隔声门、窗的隔声性能分级见表 4-14。

表 4-14 建筑门窗的空气隔声性能分级 dB

分级	外门、窗的分级指标值	内门、窗的分级指标值
1	$20 \leqslant (R_w + C_r) < 25$	$20 \leqslant (R_w + C) < 25$
2	$25 \leqslant (R_w + C_r) < 30$	$25 \leqslant (R_w + C) < 30$
3	$30 \leqslant (R_w + C_r) < 35$	$30 \leqslant (R_w + C) < 35$
4	$35 \leqslant (R_w + C_r) < 40$	$35 \leqslant (R_w + C) < 40$
5	$40 \leqslant (R_w + C_r) < 45$	$40 \leqslant (R_w + C) < 45$
6	$R_w + C_r \geqslant 45$	$R_w + C \geqslant 45$

注 用于对建筑内机器、设备噪声源隔声的建筑内门、窗，对中低频噪声宜用外门、窗的指标值进行分级；对中高频噪声仍可采用内门、窗的指标值进行分级。

表 4-14 中，外门、外窗以计权隔声量和交通噪声频谱修正量之和（$R_w + C_r$）作为分级指标；内门、内窗以计权隔声量和粉红噪声（每个倍频程强度相等的噪声）频谱修正量之和（$R_w + C$）作为分级指标。

(4) 变电站隔声门、窗的缝隙应采用可靠的密封措施。

2. 设计步骤

(1) 确定罩壁或隔声间墙壁的隔声量（具体确定方法见隔声罩有关章节内容）。

(2) 确定罩壁或隔声间墙壁、门、窗的面积。

(3) 根据式（4-18）～式（4-20）计算对应的门、窗隔声量。

$$R_门 = R_墙 - 10\lg \frac{s_墙}{s_门} \tag{4-18}$$

$$R_窗 = R_墙 - 10\lg \frac{S_墙}{S_门} \tag{4-19}$$

$$R_总 = 10\lg \frac{a_墙 S_墙 + a_门 S_门 + a_窗 S_窗}{\tau_墙 S_墙 + \tau_门 S_门 + \tau_窗 S_窗} \tag{4-20}$$

（4）确定门、窗的类型。一般门可选取 2.5mm 厚钢板，贴厚 60～100mm、填充密度为 35kg/m² 的超细玻璃棉；或取夹心门再贴吸声材料。窗可采取单层或三层有机玻璃窗。门、窗的尺寸要尽量小些。

4.3.3 隔声门、窗设计案例

某 110kV 半户内变电站位于某小区旁，西北侧与该小区共用围墙，东南侧与另一居民小区共用围墙。本站仅主变压器为户外布置，变压器西侧下部为普通钢板门、上部为墙体，另外 3 面是高约 8m 砖墙，没有屋顶，与居民区侧的围墙之间距离约 40m。经监测，该变电站在夜间噪声超标约 3dB(A)。

通过设计方案对比，最终选定自然通风方案，其具体设计如下：

（1）针对 3 台变压器分别制作安装隔声房，整体设计隔声量为 20dB（隔声房在利用原防火墙的基础上在顶部增加 1m 高墙体及屋面封顶，总高设计为 13.5m）。

（2）隔声房由独立基础、钢结构、吸隔声模块板及原有防火墙结构构成。

（3）隔声房配置隔声门、进气通风百页窗、强制排风消声器。

（4）隔声房对变压器进行整体封闭，墙体采用吸隔声模块板制作，吸隔声模块设计隔声量为 25dB，室内吸声降噪量 $N_{RC}=0.85$。

（5）将原铁门更换为专业隔声门，隔声门上安装通风消声百页窗，隔声门外形尺寸为宽×高=6000mm×5700mm，设计隔声量为 20dB。

（6）隔声房背向门后面安装通风消声百页窗，设计消声量为 18dB。

（7）隔声屋顶上安装自然通风矩阵式消声柱，设计消声量为 10dB。

该 110kV 变电站噪声治理工程正立面如图 4-21 所示。

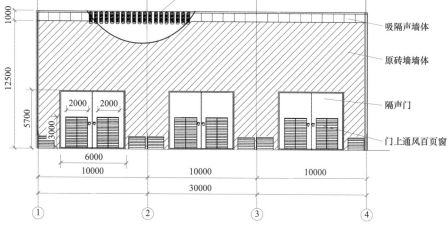

图 4-21 某 110kV 变电站噪声治理工程正立面图

该案例中，设计吸隔声模块板墙体的设计隔声量为 25dB，墙体面积 S_{wall} 和门的面积 S_{door} 为：

$$S_{wall} = 13.5m \times 30m = 405m^2$$

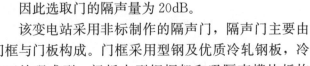

$$S_{\text{door}} = 6\text{m} \times 5.7\text{m} \times 3 = 102.6\text{m}^2$$

$$R_{\text{door}} = 25 - 10\lg \frac{405}{102.6} \approx 19\text{dB}$$

因此选取门的隔声量为 20dB。

该变电站采用非标制作的隔声门，隔声门主要由门框与门板构成。门框采用型钢及优质冷轧钢板，冷加工处理成型。门板由型钢框架和吸隔声模块板构成，具有防火、隔声性能，是一种使用性能稳定、精工制作而成的钢质门。所有材料均为 A 级不燃材料。该门具有结构合理、整体性好、强度高、施工方便、表面平整美观、开启灵活、坚固耐用等优点。针对本项目，由于变电站没有单独进风位置，所以需在门板上安装通风消声百页窗，通过门板进行进风。主变压器隔声门实物如图 4-22 所示。

图 4-22　变压器隔声门

4.3.4　小结

本节以隔声门、窗的结构设计为重心，介绍了常见隔声门、窗材料隔声性能，门、窗密封方法，设计选型步骤等，结合实际案例分析了隔声门、窗的设计选型。门扇的隔声性能决定了隔声门可能达到的最高隔声量，而门缝的处理是决定隔声门实际所能达到的最大隔声量。隔声窗与门的情况相似，窗框间缝隙密封情况对隔声窗的隔声量影响较大。由于隔声罩、隔声间的检修、通风等要求需要设置隔声门、窗，而门、窗的隔声量一般都低于墙体（罩体）的隔声量，因此变电站隔声间（隔声罩）外墙或外罩上设置门、窗将降低整体隔声性能，尤其是设置窗会较大程度地影响整体隔声性能。因此，适当选择隔声门、窗的材料、尺寸以及隔声量是十分重要的。

4.4　隔　声　罩

4.4.1　隔声罩结构设计说明

隔声罩是用材料、构件或结构来隔绝空气中传播的声音，将声源封闭在一个相对小的空间内，以减少向周围空间辐射噪声的封闭型罩状结构。当难以从声源本身降噪，而生产操作又允许将声源封闭起来时，使用隔声罩会获得很好的效果。隔声罩是噪声控制工程中经常采取的技术措施，其技术措施简单、用料少、投资少，能够控制隔声罩的隔声量，使工作所在的位置噪声降低到所需要的程度。隔声罩的形状可以是箱形或机器部件的轮廓形状。箱形的隔声罩包含四周壁板和顶板，隔声罩可以有门、窗、通风口、原料通道等开口。box-in 是特殊的隔声罩，采用带有通风散热消声器的隔声罩，是一种把变压器本体封闭起来，而冷却装置布置在隔声罩外面的隔声装置。

在变电站噪声控制工程中，隔声罩常用于户外变电站的独立强声源，如变压器、电抗器、风机等，如图 4-23 所示。为了操作维修方便，以及通风散热的需要，罩体上需开观察窗、活动门及散热消声通道等。使用隔声罩可获得很好的噪声控制效果，其降噪量一般在 10～40dB。隔声罩可根据需要设置成不同的形式。其中隔声量最好的是固定密封型，可达到

78

30～40dB(A)，其次是活动密封型 15～30dB(A)，局部开敞型 10～20dB(A)，带有通风散热消声器的隔声罩 15～25dB。

图 4-23　某户外变电站隔声罩

4.4.2　隔声罩结构设计

1. 隔声罩的设计要点

在设计隔声罩时，应根据隔声罩的实际应用场合注意以下几点：

（1）隔声罩最外层的罩壳壁材必须有足够的隔声量，一般采用厚 1.5～3mm 的钢板，对要求重量轻的隔声罩也可采用铝板。

（2）当采用钢或铝板之类的材料做罩壁时，在板的内壁涂厚 3～5mm 的阻尼层，以抑制与减弱共振和驻波效应的影响。

（3）罩内必须采用吸声材料进行吸声处理，其作用是吸收声能，保证隔声罩能起到有效的隔声作用。

（4）隔声罩最里层安装穿孔板或钢丝网，以防止吸声材料脱落，另外穿孔板还可以吸收部分声能。

（5）罩体与声源设备及公共机座之间不能有刚性接触，以避免声桥出现，较强的结构声传入罩体会使其成为声辐射源，从而大大降低隔声效果，使隔声量降低。对其隔振的措施是先将机器设备隔振，再在隔声罩与基础之间安装隔振器，从而减少结构声传入罩体。罩体与机器设备的必要连接处应尽量采用弹性软连接。

（6）罩壁上开设隔声门窗、通风散热孔、电缆等管线时，缝隙处必须密封，管线周围应有减振、密封措施。

（7）隔声罩的形状要恰当，避免罩壁平面与机器设备的平面平行，以防止罩内空气的驻波效应和罩壳的共振。

（8）隔声罩外形美观，操作方便、使用寿命长也是设计中应考虑的问题，加罩后便于操作是隔声罩设计的关键之一。

隔声罩的隔声效果通常用插入损失 IL 来评价，它表示安装隔声罩前后，噪声源向周围辐射噪声声压级的差值，其计算式为：

$$IL = L_0 - L(\text{dB})$$（4-21）

隔声罩罩壁自身的隔声能力常用结构隔声量（传递损失）R 来衡量。对于单层匀质隔板，假定不考虑边界影响，在无规入射条件下，主要考虑隔板面密度和入射声波频率两个因素时，常用下面的经验公式估算隔声罩罩壁自身的隔声量：

$$R = 18\lg m + 12\lg f - 25(\text{dB}) \tag{4-22}$$

式中：m 为隔板面密度（kg/m^2）；f 为入射声波频率（Hz）。

采用平均隔声量 $\overline{R}$ 表示罩壁的隔声性能时，其表达式为：

$$\overline{R} = 10\lg\left(\lg^{-1}\frac{TL_1}{10} + \lg^{-1}\frac{TL_2}{10} + \cdots + \lg^{-1}\frac{TL_3}{10}\right) - 10\lg n \tag{4-23}$$

式中：R_i 为各罩壁的隔声量（dB）；n 为罩壁数量。

隔声罩的实际隔声能力即插入损失不仅与罩壁自身的隔声量有关，而且还与罩内吸声材料的平均吸声系数以及罩壁的平均透射系数有关，其表达式为：

$$D = \overline{R} + 10\lg(\overline{T} + \overline{f}) \tag{4-24}$$

式中：D 为隔声罩的插入损失（dB）；$\overline{R}$ 为隔声罩的平均隔声量（dB）；$\overline{T}$ 为隔声罩内的平均吸声系数；f 为套隔声罩各壁的平均透声系数。

一般情况下，$0<\overline{f}<\overline{T}<1$，因此工程上常采用式（4-25）计算插入损失：

$$D = \overline{R} + 10\lg\overline{T} \tag{4-25}$$

式（4-25）有两种极限情况，当 $\overline{T}=1$ 时，$D=\overline{R}$，见由于 $\overline{R}=10\lg(1/\overline{f})$，故当 $\overline{T}=\overline{f}$ 时，$D=0$，即插入损失随平均吸声系数的增大而接近隔声罩的平均隔声量；当罩内平均吸声系数 T 接近下限时，插入损失接近零。若隔声罩内不安装吸声材料，罩内机器设备辐射噪声的声能不断积聚，最后设备辐射噪声的声能与从隔声罩内透射出的声能平衡，隔声罩失去隔声作用。因此，隔声罩内安装吸声材料是隔声罩起隔声作用的必要条件。

2. 隔声罩设计步骤

隔声罩的声学结构一般可按下列步骤进行设计：

（1）选定隔声量。隔声罩隔声特性的评价方法很多，对于同一个隔声罩，采用不同方法所得值是不同的。在工厂实用现场，为了与工业企业卫生标准和城市区域环境噪声标准相一致，对于隔声罩采用 A 声级进行评价。

根据机器噪声源的 A 声级和 8 个倍频带声压级以及有关噪声控制标准，可以按式（4-1）计算所需倍频带隔声量。

（2）选定隔声罩壁的结构。由计算的主频带隔声量，参照轻质隔声构件提供的数据，确定隔声罩壁的结构。

一般隔声罩壁构件的隔声量要大于主频带的隔声量 $10\sim20\text{dB}$ 以上，常取钢板贴附超细玻璃棉或钢板上涂沥青再贴附麻袋的结构。

（3）选定门、窗（当需要设置门窗时）。

（4）选定隔声罩的容积。隔声罩内壁面和设备的空间距离不应小于100mm，通常应留设备所占空间的 1/3 以上，且应满足安全运行要求。

（5）选定隔声罩内衬的吸声材料。内衬吸声材料的吸声系数大小对隔声量影响极大，其变化值为 $10\lg a$（a 为吸声系数）。可见，即使选择了较好的墙、门、窗等各构件，如果 $a=0.01$，那么总的隔声量要比构件的平均值低 20dB 以上。一般内衬材料取厚 $50\sim100\text{mm}$ 的超细玻璃棉或聚氨酯泡沫塑料。

（6）计算总的 A 声级隔声量。计算 8 个倍频带的隔声量，计算总隔声量，判断符合选定的隔声量即可。

3. 隔声罩的通风散热问题

动力机械设备的通风散热是必需的。隔声罩通风散热的基本要求是既能保证良好的通风散热，又能有效地减少通风散热孔的漏声。隔声罩的通风散热一般有三种方式：①自然对流通风散热，适用于一般小功率产生热量不多的设备；②利用自身的进排气系统通风散热；③强制通风散热，通风散热所需通风量可按式（4-26）计算：

$$V = Q/C_P \times \rho \times \Delta t \tag{4-26}$$

式中：V 为通风量（m^3/h）；Q 为设备发热量（kJ/h）；C_P 为空气比热容，20℃时其值为 $1.006kJ/kg \cdot k$；ρ 为空气密度，20℃时其值为 $1.205kg/m^3$；Δt 为隔声罩内外空气温差（K）。

求出所需通风量，加上机器设备工作所需的空气量，即可选择所需配用的风机。风机既可装在进风口，也可装在出风口，安装位置可根据具体情况确定。由于安装风机，通风散热孔比较大，为解决通风散热孔的漏声问题，可采用管道消声器进行消声。

4.4.3 隔声罩设计案例

对于高电压等级的输变电工程，如交流 500、750、1000kV，直流 ±800kV 等，其厂界超标主要是由变电站电抗器噪声、换流站平波电抗器、换流站滤波电抗器以及高压出线电晕噪声综合作用引起的。为了降低室外电抗器噪声对周围环境的影响，一般采用隔声罩对其进行降噪处理。本部分以某变电站电抗器降噪为例进行说明。

1. 隔声罩的设计

因电抗器的形状为圆柱壳体，隔声罩的形状也设计成圆柱壳体。由于电抗器周围是高压场，所用隔声罩材料须采用绝缘、绝磁材料。该隔声罩材料用厚 8mm 的玻璃钢制成，其外径为 2565mm，高 5080mm，内壁敷设 50mm 厚、平均吸声系数约 0.5 的吸声材料。其上方开孔的直径为 1016mm，下方孔径 800mm。同时为方便电抗器进出线的连接，在隔声罩侧面的上下方分别开有小孔，如图 4-24 所示。

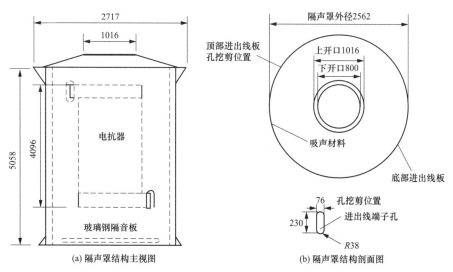

图 4-24 局部隔声罩示意图

隔声罩各频程上的理论隔声量可由质量定律公式计算，即：

$$R = 18\lg m + 12\lg f - 25 (dB) \tag{4-27}$$

式中：m 为隔板面密度（kg/m²）；f 为入射声波频率（Hz）。

其实际平均隔声量计算见式（4-28）：

$$D = \overline{R} + 10\lg(\overline{T} + \overline{f}) \tag{4-28}$$

式中：E 为隔声罩的插入损失（dB）；$\overline{R}$ 为隔声罩的平均隔声量（dB）；$\overline{T}$ 为隔声罩内的平均吸声系数；$\overline{f}$ 为套隔声罩各壁的平均透声系数。

一般情况下，$0 < \overline{f} < \overline{T} < 1$，因此采用式（4-29）计算插入损失：

$$D = \overline{R} + 10\lg\overline{T} \tag{4-29}$$

该局部隔声罩的轴向纵位移共振频率可近似由有限长圆柱壳自由振动轴向纵位移共振频率公式估算，即式（4-30）：

$$f_{m0} \approx (2m+1)c_1/(2L) \tag{4-30}$$

其中

$$c_1 = \sqrt{E/\rho}$$

式中：c_1 为棒中纵波传播速度（m/s）；E 为弹性模量（N/m²）；ρ 为隔声材料的密度（kg/m³）；L 为圆柱壳的长度（m）。m 为系数，可取 1，2，3…。当 $m=0$ 时，得其最低共振频率 $f_{00} = 223\mathrm{Hz}$，但该隔声罩因受罩体附加结构的影响，其实际共振频率会略低于上述计算频率。

2. 消声器的设计

考虑到电抗器的通风、散热要求，隔声罩只能做成上下开口的结构形状，为了达到更好的降噪效果，设计在隔声罩的上、下开口处加阻性消声器。阻性消声器的消声性能主要与通道形式、长度及吸声材料的性能有关。所设计的消声器消声量按式（4-31）计算：

$$\Delta L = \phi(a_0)\frac{P}{S}1 \tag{4-31}$$

其中

$$\phi(a_0) = 4.34 \times \frac{1 - \sqrt{1 - a_0}}{1 + \sqrt{1 - a_0}}$$

式中：ϕ 是与材料吸声系数有关的消声系数；a_0 为正入射吸声系数；P 为消声器通道截面周长（m）；S 为消声器通道截面积（m²）；L 为消声器的有效长度（m）。

隔声罩上方消声器的外径为 1016mm，有效长度 500mm，内设 20mm 厚十字形纵隔板，将消声器分为 4 个排气通道，每个通道的内壁敷设 30mm 厚、平均吸声系数约 0.5 的吸声材料，如图 4-25 所示。隔声罩下方的消声器，其外径为 800mm，有效长度 500mm，消声通道内的设置同上方类似。上述消声器也用玻璃钢材料制成。

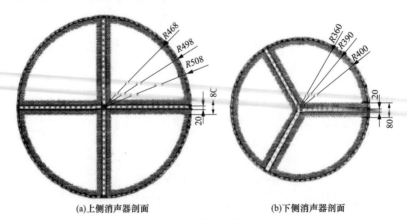

(a)上侧消声器剖面　　　　　　　(b)下侧消声器剖面

图 4-25　消声器剖面

由上述计算可知，局部隔声罩上下加装消声器后的理论降噪量可达到 16dB。

3. 隔声性能试验

试验是在一个大厂房内的一块空场地进行的，四周墙壁为彩钢板，属于强反射面，空场周围 7m 以外安置着一些生产设备、原料等物品。图 4-26 为仪器设备连接框图，试验装置如图 4-27 所示。试验时隔声罩底部离地面 0.5m，声源置于隔声罩中间，距地面高度为 3m，声级计探头设置与声源等高。测点布放在距声源中心位置 3m 远处的 A、B 两点，如图 4-27 所示。试验分几种工况进行，每种工况分别测试 1/3 倍频程声压级和 0～5kHz 带宽的频谱。为了进行对比，对所有试验工况，声源发射声功率保持不变。

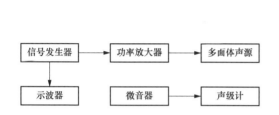

图 4-26　仪器设备连接图

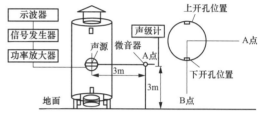

图 4-27　试验装置连接及测点布放示意图

图 4-28 和图 4-29 给出的是测试之前所有机器、声源都停止工作时的环境背景噪声图，从图中可以看出背景噪声主要为 100Hz 以下的低频噪声。

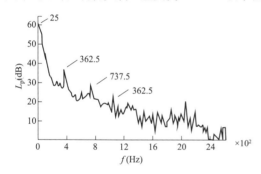

图 4-28　测试前背景噪声频谱

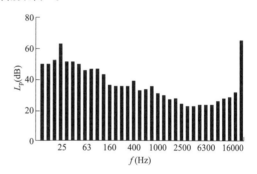

图 4-29　测试前背景噪声 1/3 倍频程声压级谱

图 4-30 为声源外有、无隔声罩发射白噪声时的 1/3 倍频程频谱对比图，从图中可看出局部隔声罩对 80Hz 以下的低频段及中心频率为 200、400Hz 处隔声效果不佳，其在宽频带的总隔声量约为 9dB。

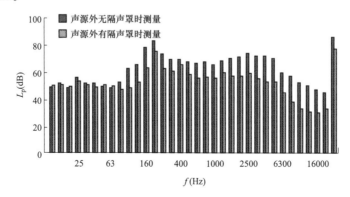

图 4-30　两种工况下加白噪声所得试验结果

图 4-31 为不同工况下测得的声压级谱图，由测试数据可算出，在 50～2500Hz 频带内局部隔声罩的隔声效果在 8dB 左右，上下加装消声器后，总的隔声效果可达到 15dB。

图 4-32 为不同工况下隔声装置的插入损失图。从图中可以看出隔声罩不加上下消声器时在 200、400、600、1050、1150、1200Hz 等处的隔声效果不佳，在 200Hz 处插入损失为负值，这是因为声源在此频点发射的声波与隔声罩的固有频率发生了共振，导致隔声罩总体隔声效果下降，这与理论分析一致。图中还表明，仅在隔声罩上方加消声器也会改变隔声罩的总体隔声效果，但对噪声的主要降噪频段贡献不大。隔声罩上下都加消声器时，改变了整个隔声装置的特性，错开了隔声罩的固有频率，明显改善其降噪效果。但此时因隔声装置上下出口的收缩，致使整个隔声消声装置具有了抗性消声器性质，类似于单节扩张室消声器。

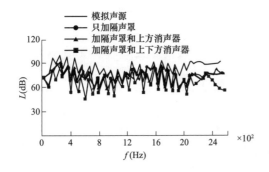 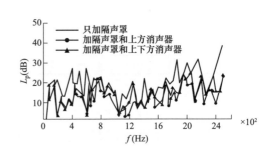

图 4-31　四种工况下测得的声压级谱图　　　图 4-32　不同工况下隔声装置的插入损失图

4. 隔声结构的改进设计

由上述分析可知此消声箱式隔声罩对 700Hz 频率噪声的隔声效果不佳，而换流站所用电抗器的主要峰值噪声频率在 600Hz 和 700Hz 处，为降低其峰值噪声，进一步提高消声箱式隔声罩的隔声效果，对局部隔声罩的结构做了进一步的改进。在隔声罩内壁加穿孔板共振吸声结构，针对电抗器的峰值噪声，选择 600Hz 和 700Hz 这 2 个频率做共振腔，按正方形排列，其中 600Hz 共振结构的穿孔率为 12600，孔径 6mm，板厚 5mm，孔中距 15mm，腔深 100mm；而 700Hz 共振结构的穿孔率为 16700，孔中距为 13mm，其他设计参数同上。在局部隔声罩的结构设计中，600Hz 共振腔和 700Hz 共振腔各占隔声罩内壁一半，在腔内靠近穿孔板处填入 50mm 厚吸声材料。

同时，确保罩内穿孔板内壁面与电抗器间所留空间不小于电抗器所占空间的 1/3，内壁面与电抗器间的距离不小于 100mm。穿孔板共振吸声结构共振频率计算公式为：

$$f_0 = c/2\pi \sqrt{p/(t+0.8d)L} \tag{4-32}$$

式中：L 为板后空气层厚度（m）；t 为板的厚度（m）；d 为孔径（m）；c 为空气中声速，其值为 340m/s；p 为穿孔率。

共振吸声结构在共振频率为 600Hz 和 700Hz 处的吸声系数为 0.8～0.9，隔声罩上下加装消声器后，在此共振频率处的插入损失理论值可达到 16dB 以上。

5. 隔声效果

换流站用电抗器工作时的主要噪声频段为 600～1100Hz，而此隔声罩在这个频段的隔声效果为 7～9dB，上下都加装消声器后整体消声箱式隔声罩的隔声效果为 13～15dB。此次试验因受测试场地室内混响的影响，实测隔声效果略低于理论分析值。理论分析和实测均表明，设计的局部隔声罩在频率为 200Hz 左右产生共振。为改善隔声结构的总体隔声效果，在隔声罩内壁加穿孔板共振吸声结构，针对电抗器的峰值噪声频率进行吸声。由此隔声罩上下加装消声器后，在共振频率处的插入损失理论值可达到 16dB 以上，使整体消声箱式隔声罩的隔声量理论上提高 4dB。

4.4.4　小结

本节以隔声罩的结构设计为中心，介绍了隔声罩基本组成、设计要点以及设计步骤，结合实际案例阐述了隔声罩在变电站的应用设计。在变电站噪声控制工程中，隔声罩常用于户外变电站的独立强声源，如变压器、电抗器、风机等，具有技术措施简单、用料少、投资少，且能够控制隔声罩的隔声量，使工作所在的位置噪声降低到所需要的程度等优点，在输变电工程中得到广泛应用。但是隔声罩的设计方式不同，导致隔声效果千差万别。应根据降噪要求，确定声级隔声量和各个频程的隔声量，进行隔声板材料厚度及结构、吸声材料及阻尼涂层设计，要尽量减少驻波效应和共振效应，并要考虑通分散热和密封性问题。

4.5　隔　声　间

4.5.1　隔声间结构设计说明

在变电站噪声控制工程中，隔声间常用于户内变电站独立的强声源，如主变压器室、电抗器室、通风机室等都可以设成隔声间，如图 4-33、图 4-34 所示。

图 4-33　隔声间

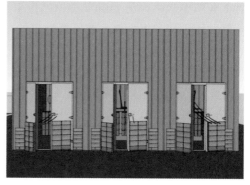
图 4-34　隔声间示意图

4.5.2　隔声间结构设计

隔声间结构设计要点、设计步骤以及通风散热问题如下：

1. 隔声间的设计要点

（1）隔声间的墙壁应具有足够的隔声量，主变压器室宜采用以实心砖等建筑材料为主的隔声结构。

（2）隔声间墙内壁可进行吸声处理。

（3）隔声间设置门、窗时，应采用隔声门、隔声窗，并做好密封措施。

（4）隔声间通风散热以及工艺孔洞应安装与隔声间隔声量相当的消声器。

2. 隔声间设计步骤

隔声罩的声学结构一般可按下列步骤进行设计：

(1) 选定隔声量。根据机器噪声源的 A 声级和 8 个倍频带声压级以及有关噪声控制标准，按式 (4-21) 计算所需倍频带隔声量。

(2) 选定隔声间墙壁的结构。有窗和门的墙壁、顶板、地板可采用预制构件。门需要选用适合频繁使用的密封方式。隔声间的计权声压隔声值一般为 30dB 左右。如果在某特定的方向上需要更高的插入损失，则隔声间在该侧应采用更重的墙壁构件或双层墙结构。由计算的主频带隔声量，参照轻质隔声构件提供的数据，确定隔声罩壁的结构。

(3) 当要设置门、窗时，需要确定门、窗的隔声量。一般门可选取 2.5mm 厚钢板，贴厚 $60\sim100$mm、填充密度为 35kg/m^2 的超细玻璃棉；或取夹心门再贴吸声材料。窗可采取单层或三层有机玻璃窗。门、窗的尺寸要尽量小些。

(4) 隔声间的容积。隔声间内体积要适当，一般取机器最大体积的 3 倍以上，机器离隔声间内壁距离 $50\sim100$mm 以上。

(5) 隔声间内衬的吸声材料。内衬吸声材料的吸声系数大小对隔声量影响极大，其变化值为 $101ga$，与隔声罩类似。

(6) 计算总的 A 声级隔声量。计算 8 个倍频带的隔声量，计算总隔声量，判断符合选定的隔声量即可。

3. 隔声间的通风散热问题

隔声间的通风散热问题与隔声罩类似，可参考 4.4 节相关内容。

4.5.3 隔声间设计案例

在 4.4 节案例中，某 110kV 变电站位于某小区旁，西北侧与该小区共用围墙，东南侧与居民小区共用围墙。本站仅主变压器为户外布置，变压器西侧是下部为普通钢板门、上部为墙体，另外 3 侧是高约 8m 砖墙，没有屋顶，与居民区侧的围墙之间距离约 40m，且地势低于居民区。在北侧小区高层（如 33 层住户）夜间超标投诉，经监测确有噪声超标现象［夜间 53dB(A)］，因此，该环境敏感点目标降噪量约 3dB(A)，为留充足的裕度，设计总体的隔声量为 10dB(A)。

为此设计了以下降噪方案：

(1) 针对 3 台变压器分别制作安装隔声房，整体设计隔声量为 20dB。隔声房在利用原防火墙的基础上在顶部增加 1m 高墙体及屋面封顶，总高设计为 13.5m。

(2) 隔声房由独立基础、钢结构、吸隔声模块板及原有防火墙结构构成。

(3) 隔声房配置隔声门、进气通风百页及强制排风消声器。

(4) 隔声房对变压器进行整体封闭，墙体采用吸隔声模块板制作，吸隔声模块设计隔声量为 25dB，室内吸声降噪量 N_{RC} 为 0.85。

(5) 将原铁门更换为专业隔声门，隔声门上安装通风消声百页，隔声门外形尺寸为宽×高为 8000mm×6000mm，设计隔声量为 20dB。

(6) 隔声房背向门后面安装通风消声百页，消声量为 18dB。

(7) 隔声屋顶上安装自然通风矩阵式消声柱，设计消声量为 10dB。

各方位示意图如图 4-35、图 4-36 所示。

图 4-35 110kV 变电站噪声治理工程正面效果图

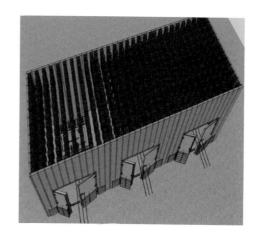

图 4-36 110kV 变电站噪声治理工程轴测效果图

本方案中，噪声治理工程整体降噪量 10dB(A)，而目标降噪声量约为 3dB(A)，考虑了充分的设计裕度，可达到预期目标。

4.5.4　小结

本节以隔声间的结构设计为重心，介绍了隔声间设计的要点及步骤，并结合实际案例阐述了隔声间在变电站的应用设计。隔声间常用于户内变电站独立的强声源，如主变压器室、电抗器室、通风机室等都可以设成隔声间。隔声间常常需要设置隔声门、窗，因此要特别注意隔声间的通风散热、隔声门、窗密封以及消声器的选用问题。

5

变电站吸声及消声降噪措施 典型设计

变电站的噪声一般是由主变压器、电抗器、电容器等电气设备产生，其中主变压器是主要声源设备。主变压器的噪声主要包括电磁噪声和冷却系统噪声。电磁噪声主要是由主变压器运行时铁芯的磁致伸缩引起，频率以低频为主，噪声主要分布在 50Hz 工频以及 100、200、400、500Hz 等高次谐波上；冷却系统的噪声主要是由风扇叶片旋转时撞击周围空气产生的有调噪声和涡流引起的无规律分布噪声组成，频率以中高频为主。两种噪声相互叠加，便形成了以低频噪声（电磁噪声）为主、中高频噪声（冷却系统噪声）为辅的主变压器噪声。这类噪声频带宽、波长大、衰减慢，对建筑结构的穿透能力强，严重影响居民的日常生活。通过吸声材料（结构）或消声结构对变电站内的噪声进行控制，是降低变电站噪声的典型设计。

5.1 多孔吸声材料

吸声是变电站辅助降噪的重要途径之一，通常是将吸声材料以构架的形式布设于室内的壁面或声屏障、隔声间的内壁，此法可有效吸收声源设备发出的噪声，消除声波带来的混响效应。根据材料及结构分为多孔吸声材料、共振吸声结构及模块化吸声材料。

多孔吸声材料是目前应用最广泛的吸声材料，主要包括纤维类多孔吸声材料、泡沫类多孔吸声材料和颗粒类多孔吸声材料。由于多孔材料内部具有大量细微孔隙，且孔隙间彼此贯通并通过表面与外界相通，当声波入射到材料表面时，一部分在材料表面反射掉，另一部分则透入材料内部向前传播，当声波由微孔进入材料内部后，激发孔中的空气振动，振动的空气与多孔材料的固体经络之间产生相对运动，由于空气的黏滞性，在微孔内产生相应的黏滞阻力，迫使这种相对运动产生摩擦损耗，空气的动能转化为热能，从而声能被衰减；同时，空气绝热压缩时，压缩空气与固体经络之间不断发生热交换，也使声能转化为热能，从而使声能衰减。

多孔吸声材料的吸声性能不仅与材料本身的种类有关，而且与入射声波的频率、环境的温度、湿度和气流等因素有关。实验表明，吸声材料（主要指多孔材料）对中、高频声吸收较好，对低频声吸收性能较差，若采用共振吸声结构则可以改善低频吸声性能。

5.1.1 纤维类多孔吸声材料

纤维类吸声材料根据材料的外观和物理特性的不同，可分有机纤维类吸声材料、无机纤维类吸声材料、金属纤维类吸声材料。

有机纤维类吸声材料主要为有机纤维制品，主要有棉麻植物纤维、木质纤维制品、毛毡、纯毛地毯、甘蔗纤维板、植物纤维吸声板、木丝板、稻草板等有机纤维类，以及聚酯纤维、晴纶棉、涤纶棉等有机合成纤维。这类纤维材料在中高频范围内具有良好的吸声性能，但是其防火、防腐、防潮等性能较差，应用时受到环境条件的限制。

无机纤维吸声材料主要指岩棉、玻璃棉以及硅酸铝纤维棉等人造无机纤维材料。玻璃棉（见图5-1）分为短棉、超细棉以及中级纤维棉三种。这类材料以其具有良好的吸声性能且质轻、不燃、不腐、不易老化等特性逐渐取代了天然纤维吸声材料，在声学工程中获得广泛的应用。但由于其性脆易断，受潮后吸声性能下降严重、易对环境产生危害等原因，适用范围受到很大的限制。这类纤维吸声材料可以加工成毡状、板状等，经过防潮处理后，可以生产出稳定性好、吸湿率低、施工性能好的产品。

图 5-1 无机多孔材料—玻璃棉

金属纤维吸声材料是金属纤维以一种特定的排列方式通过冷冲压或高温烧结等工艺制作而成的新型材料。常用的金属纤维材料有铝纤维吸声材料、连续铜纤维材料以及不锈钢纤维材料等。金属纤维材料的出现解决了传统纤维吸声材料的很多难题，具有强度高、耐高温和耐水性好等优点，特别适用于室外高架轻轨道路屏障、冷却塔、热泵机组、机组隔声罩等吸声降噪。金属纤维材料具有如下特点：①单一材料吸收高频噪声的性能优异，在配合微穿孔板或增加空气层后，金属纤维材料的低频吸声性能得到明显改善；②抗恶劣工作环境的能力强，在高温、油污、水汽等条件下，仍可以作为理想的吸声材料。

5.1.2 泡沫类多孔吸声材料

泡沫类多孔吸声材料是一种性能优良的环保吸声材料，主要有泡沫塑料、泡沫金属、泡沫玻璃等。

图 5-2 泡沫塑料

泡沫塑料吸声材料主要有聚乙烯泡沫、聚丙烯泡沫、聚氯乙烯泡沫、聚氨酯泡沫和酚醛泡沫等品种。最近几年，新泡沫体系不断涌现，橡塑型泡沫吸声材料的研究得到了很大发展。泡沫塑料具有良好的韧性、延展性及耐热性能，同时具有良好的吸声效果，如图5-2所示。

泡沫金属吸声材料是一种新型多孔吸声材料，经过发泡处理在其内部形成大量的气泡，这些气泡分布在连续的金属相中构成孔隙结构，使导热性好、耐高温等）与分散相气孔的特性（如泡沫金属把连续相金属的特性（如强度大、阻尼性、隔离性、绝缘性、消声减振性等）有机结合在一起；同时，泡沫金属还具有良好的电磁屏蔽性和抗腐蚀性能。

泡沫玻璃吸声材料是以玻璃粉为原料，加入发泡剂及其他外掺剂经高温焙烧而成的轻质块状材料，其孔隙率可达85%以上。按照材料内部气孔的形态可分为开孔和闭孔两种，闭孔泡沫玻璃作为隔热保温材料，开孔的作为吸声材料。泡沫玻璃（见图5-3）具有质轻、不燃、不腐、不易老化、无气味、受潮甚至吸水后不变形、易于切割加工、施工方便和不会产生纤维粉尘污染环境等优点。由于泡沫玻璃板强度较低，背后不宜留空腔，否则容易损坏，所以靠增加空腔来提高此类材料低频吸声性能的方法效果较差。

图 5-3　泡沫玻璃

5.1.3　颗粒类多孔吸声材料

颗粒吸声材料是以一定粒径的颗粒材料，通过黏结材料加工而成的多孔吸声材料。由于颗粒之间存在相互贯通的微孔，当声波入射到制品表面时，颗粒间的微孔对空气的运动会产生摩擦、黏滞作用，使其中的部分声能转变为热能。同时，材料之间的热传导也会消耗部分声能，从而达到吸声的效果。颗粒类吸声材料一般为无机材料，因此具有良好的防火阻燃性能及优良的化学稳定性。同时该类材料的生产过程简单，原料取材方便，加工成本较低，影响因素可控，适合大规模生产使用。

理论上常用孔隙率、流阻、体积密度、厚度等指标来评定颗粒类材料的吸声性能，但仅通过简单的试验来预测流阻是比较复杂的。因此，在实际测量中可通过转换为衡量材料密度、孔隙率或者更易掌握的厚度来判定吸声性能的高低，对于同种材料，密度越大，孔隙率越小，流阻越大。

孔隙率是指材料中孔隙的体积与材料总体积的比值。一般来说，当厚度相同时，孔隙率越大，材料的吸声系数越大，吸声效果越好。多孔材料的孔隙率一般可达到70%～90%。当孔隙率增大时，孔内的弯曲程度增加，内部连通的孔也越复杂，进入到孔隙中的声波就会发生多次反射和折射现象，导致孔内空气不断振动，进而增大了吸声系数。

5.1.4　小结

无机纤维材料对中高频的吸声系数较好，且具有质量轻、不易腐蚀等特点，但材质较脆、易折断，容易产生粉尘污染，受潮后吸声性能下降严重，适用范围受到很大的限制。颗粒类吸声材料由于具有良好的防火阻燃性能以及优良的化学稳定性而适合大规模的生产；与之相比的陶瓷吸声材料因为具有较高的强度而受到市场的欢迎，但在成型过程中需要经过高温烧制，能源消耗较大，生产成本较高；水泥基吸声材料吸声系数高、频带宽、施工过程中不会产生粉尘污染，与有机材料相比，刚性较好，特别适用于防火性能要求高的声学工程。无机吸声材料的密度减小时，孔隙率较大，吸声特性曲线向高频方向移动，高频吸声效果提高。而当制品的厚度增加时，吸声系数的峰值向频率较低的方向偏移，提高了材料在较低频率下的吸声系数。在变电站降噪设计及材料选择上，应根据这些材料的优缺点进行择优选取。

为了进一步提高无机多孔吸声材料的综合性能，单一的吸声材料或结构往往无法达到要求，应该走复合材料的发展道路，如在水泥基颗粒材料中加入适量的纤维，使声波进入后能引起纤维的振动或者纤维自身的弹性变形来消耗部分声能，实现宽频段噪声的高效吸收；在材料配制中掺入适当的防水剂，提高材料的抗水性能等。除此之外，降低生产成本，使生产工艺合理化、效率高效化、产品性能全面化也是未来的发展方向。

5.2　共振吸声结构

共振吸声结构相当于多个亥姆霍兹吸声共振器并联而成的共振吸声结构。当声波垂直入射到材料表面时，材料内及周围的空气随声波一起来回振动，相当于一个活塞，它反抗体积速度的变化，是个惯性量。材料与壁面间的空气层相当于一个弹簧，可以起到阻止声压变化的作用。不同频率的声波入射时，这种共振系统会产生不同的响应。当入射声波的频率接近系统的固有频率时，系统内空气的振动很强烈，声能大量损耗，即声能吸收最大。相反，当入射声波的频率远离系统固有的共振频率时，系统内空气的振动很弱，因此吸声的作用很小。可见，这种共振吸声结构的吸声系数随频率而变化，最高吸声作用出现在系统的共振频率处。

共振吸声结构具有低频吸声系数高、质量轻、导热优良、耐候持久、回收利用方便等优点，但是其吸声频带不够宽，吸声系数在到达峰值后会迅速下降。共振吸声结构可分为单腔共振器、薄板共振吸声结构、薄板穿孔吸声材料、薄膜共振吸声结构、穿孔板共振吸声结构和微穿孔板共振吸声结构等。在共振吸声结构中，唯有微穿孔板结构具有宽频带吸声的趋势，弥补了共振吸声频带窄的不足。

5.2.1　薄板、薄膜共振吸声结构

5.2.1.1　吸声原理

将不透气的薄板（膜）固定在刚性壁前一定距离处，板后留有空腔，就构成了薄板（膜）吸声结构（见图5-4）。当声波入射到该结构时，薄板（膜）在声波交变压力激发下被迫振动，使板（膜）心弯曲变形，出现了板（膜）内部摩擦损耗，将机械能变为热能。当入射声波的频率与板（膜）的固有频率接近时，板（膜）就产生共振，在共振频率时消耗声能最大，其主要吸声范围在共振频率附近区域。薄板主要为胶合板、硬质纤维板、石膏板、金属板等，厚度常取3～6mm，空气层厚度取3～10cm，吸声系数可达0.2～0.5，共振频率在80～300Hz，通常用于低频噪声的吸声降噪。

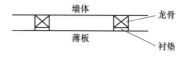

图 5-4　薄板（膜）吸声结构示意图

5.2.1.2　吸声性能

1. 共振吸声频率

薄板（膜）共振吸声结构的共振频率（固有频率）f_0 由式（5-1）计算得出：

$$f_0 = 600/\sqrt{\rho_s D} \tag{5-1}$$

式中：f_0 为共振频率（Hz）；ρ_s 为板（膜）的面密度（kg/m²）；D 为板（膜）后的空气层厚度（cm）。

薄膜共振吸声结构所用的膜状材料通常是指刚性很小、没有透气性、受力拉伸后具有弹性的材料，如塑料膜、帆布等。常用的膜状材料吸声结构的共振频率在200～1000Hz范围内，最大吸声系数为0.3～0.4，主要用于中频噪声的吸声。使用中为了改善吸声性能，可在背后空腔内填多孔材料，如图5-5为填充纤维状吸声材料前后其吸声特性变化。工程上一般

把薄膜材料作为多孔材料的面层，这样会提高多孔材料的吸声系数。

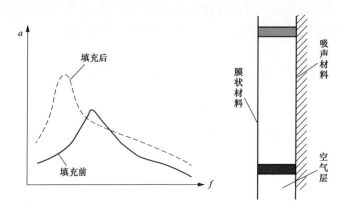

图 5-5　填充纤维状吸声材料及其吸声特性

2. 吸声系数

吸声系数主要由实验测定，表 5-1 列出了一些薄板共振吸声结构的常用吸声系数。

表 5-1　　　　　　　　　薄板共振吸声结构的吸声系数

材料	构造（cm）	各倍频程中心频率的吸声系数					
		125Hz	250Hz	500Hz	1000Hz	2000Hz	4000Hz
三夹板	空气层厚 5，框架间距 45×45	0.21	0.73	0.21	0.19	0.08	0.12
三夹板	空气层厚 10，框架间距 45×45	0.59	0.38	0.18	0.05	0.04	0.08
五夹板	空气层厚 5，框架间距 45×45	0.08	0.52	0.17	0.06	0.10	0.12
五夹板	空气层厚 10，框架间距 45×45	0.11	0.30	0.10	0.15	0.10	0.16
刨花压轧板	板厚 1.5，空气层厚 5，框架间距 45×45	0.35	0.27	0.20	0.63	0.25	0.39
木丝板	板厚 3，空气层厚 5，框架间距 45×45	0.05	0.30	0.81	0.53	0.70	0.91
木丝板	板厚 3，空气层厚 10，框架间距 45×45	0.09	0.36	0.62	0.38	0.71	0.89
草纸板	板厚 2，空气层厚 5，框架间距 45×45	0.15	0.49	0.41	0.32	0.51	0.64

5.2.2　薄板穿孔吸声结构

5.2.2.1　吸声原理

在薄板上穿孔，并离结构层一定距离安装，就形成穿孔板共振吸声结构。金属板制品、胶合板、硬质纤维板、石膏板和石棉水泥板等，在其表面开一定数量的孔，其后具有一定厚度的封闭空气层，就组成了穿孔板吸声结构，如图 5-6 所示。

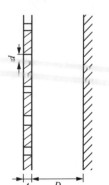

5.2.2.2　吸声性能

薄板穿孔吸声结构的共振频率 f_0 由式（5-2）计算得出。

$$f_0 = \frac{C}{2\pi}\sqrt{\frac{P}{L_k D}} \qquad (5-2)$$

其中　　　　　　　　　$L_k = t + 0.8d$

式中：f_0 为共振频率（Hz）；D 为穿孔板后空气层的厚度（cm）；L_k

图 5-6　穿孔板吸声结构　为孔距（mm）；t 为板厚（cm）；d 为孔径（cm）；P 为穿孔率（穿孔

面积/总面积)×100%。

它的吸声性能是和板厚、孔径、孔距、空气层的厚度以及板后所填的多孔材料的性质和位置有关。穿孔板在共振频率附近有最大的吸声系数，偏离共振峰越远，吸声系数越小。一般吸声系数在0.6左右，主要吸收中、低频的噪声。由于穿孔板自身的声阻很小，这种结构的吸声带宽较窄，只有几十赫兹到几百赫兹。为了提高穿孔板的吸声性能与吸声带宽，可以采用如下方法：①减小穿孔板孔径，可提高孔口的振动速度和摩擦阻尼；②在穿孔板背后紧贴吸声薄层，提供相当的声阻；③在空腔内填充多孔吸声材料；④组合不同孔径和穿孔率、不同板厚、不同腔体深度的穿孔板结构。

穿孔板吸声结构空腔无吸声材料时，最大吸声系数为0.3~0.6，这时穿孔率不宜过大，以1~50比较合适；穿孔率大，则吸声系数峰值下降，且吸声带宽变窄。在穿孔板吸声结构空腔内放置多孔吸声材料，可增大吸声系数，并展宽有效吸声频带，尤其当多孔材料贴近穿孔板时吸声效果最好。

5.2.3 微穿孔板吸声结构

5.2.3.1 吸声机理

微穿孔板吸声结构的吸声机理是声波入射时，空气在小孔中摩擦而消耗声能。在板厚小于1.0mm的薄板上穿以孔径不大于1.0mm的微孔，穿孔率为1%~5%，且后部留有一定厚度（5~20cm）的空气层，该层不填任何吸声材料，这样即构成了微穿孔板吸声结构。这种吸声结构低频吸声性能好，尤其是300~800Hz的吸声系数较高。由于微穿孔板的孔小且稀，与普通穿孔板相比，声阻要大得多，而声抗要小得多，其吸声系数和有效吸声频带宽度方面都优于穿孔板吸声结构。在共振吸声结构中，唯有该结构具有宽吸声频带特性，因此在吸声降噪和改善室内音质方面有着十分广泛的应用。它是一种低声质量、高声阻的共振吸声结构。

5.2.3.2 吸声性能

微穿孔板吸声结构可以看作是多个以微孔为孔颈的赫姆霍兹共振器的并联组合。微穿孔板吸声结构的共振频率 f_0 由式（5-3）计算得出：

$$f_0 = \frac{C}{2\pi}\sqrt{\frac{P}{D\left(t+0.8+\frac{PD}{3}\right)}} \tag{5-3}$$

式中：f_0 为共振频率（Hz）；D 为穿孔板后空气层的厚度（cm）；t 为板厚（cm）；P 为穿孔率（穿孔面积/总面积）×100%。

微穿孔板吸声结构的吸声特性主要包括吸声系数及其带宽，它们受到微穿孔板厚度、孔径、穿孔率、板后空腔深度、工作环境温度5个因素影响。微穿孔板厚度主要影响吸声结构共振时的吸收性能，随厚度的增加，共振频率处吸声系数增加，且共振频率稍向低频方向移动。穿孔直径影响吸声频带的宽度、共振频率的位置及吸声共振频率处的吸声系数，当孔径变小时，吸声频带宽度增加，共振频率向高频移动，且吸声系数增加。穿孔率同样影响吸声频带的宽度、共振频率的位置及共振频率处的吸声系数；随着穿孔率的增大，吸声频带宽度增加，共振频率向高频移动，但是吸声系数减小。空腔深度主要影响共振频率，随着空腔深度的增加，共振频率向低频端移动，空腔深度每增加1倍，吸声峰值大致向低频移动1个倍频程，频带宽度基本保持不变。温度变化对微穿孔板的声学特性影响很大，微穿孔板的共振频率因温度升高而变大（温度每升高 100K，共振频率增加 100Hz 左右），频带宽度随温度升高而增宽；对于给定结构参数的微穿孔板，其吸声系数在某一温度处有一最大值 1，偏离该温度吸声系数均递减。

5.2.4　小结

共振吸声结构的吸声机理与多孔材料有相同的地方，其不同特点在于：共振结构是利用共振器的特点，更有效地把声能转变成热能消耗。共振吸声结构不是采用纤维性吸声材料，而是采用铝板、钢板、塑料板等材料制成，因此不怕水和潮气，防火，清洁，无污染，耐高温，能承受高速气流的冲击。共振吸声结构的不足之处是吸声频带窄，在共振频率附近吸声系数很高，可接近于 1，但若偏离共振峰，吸声系数迅速下降，因此只适用于吸收中低频的单频声音。这也是长期以来共振吸收材料结构在吸声材料领域不能替代纤维吸声材料的原因。

5.3　模块化吸声材料

5.3.1　吸声模块结构设计

目前部分变电站墙体吸声结构采用模块化设计及安装，首先根据降噪设计所需的降噪量进行模块的材料及结构设计，然后工厂根据相关参数预制加工制作成标准模块，表面喷涂防腐处理，最后将成品提供现场安装，通过标准化、模块化的设计使变电站的降噪性能达到更佳的效果。

吸声模块的结构设计中吸声材料的选取是最为重要的一步，吸声材料的性能直接影响降噪效果。吸声模块推荐使用材料主要包括微穿孔吸声板（降噪系数 0.6～0.7）、珍珠岩吸声板（降噪系数 0.6～0.7）、超细玻璃棉吸声板（降噪系数 0.7～0.8）、微孔纤维吸声板（降噪系数＞0.8）、复合聚酯纤维吸声板（降噪系数＞0.8）等，具体产品规格存在差异，降噪材料检测应符合《变电站降噪材料和降噪装置技术要求》（Q/GDW 11277—2014）要求。吸声模块综合降噪量见表 5-2。

表 5-2　　　　　　　　　　　变电站吸声模块的降噪量参考值　　　　　　　　　　　dB

混响时间（s） \ 吸声材料面积比例	室内表面积 10%	室内表面积 20%	室内表面积 30%	室内表面积 40%
吸声材料降噪系数≥0.8				
≥1.6	≥3.7	≥5.7	≥7.0	≥8.1
1.1～1.6	2.0～3.7	4.1～5.7	5.2～7.0	6.3～8.1
0.70～1.1	1.3～2.0	3.2～4.1	4.5～5.2	5.5～6.3
0.58～0.76	1.1～1.3	2.9～3.2	4.1～4.5	4.9～5.5
≤0.58	≤1.1	≤2.9	≤4.1	≤4.9
吸声材料降噪系数 0.7～0.8				
≥1.6	≥2.8	≥4.5	≥5.8	≥6.9
1.1～1.6	1.5～2.8	2.9～4.5	4.5～4.8	5.6～6.9
0.76～1.1	1.1～1.5	2.2～2.9	3.4～4.5	4.4～5.6
0.58～0.76	0.6～1.1	0.8～2.2	2.7～3.4	3.2～4.4
≤0.58	≤0.6	≤1.8	≤2.7	≤3.2

续表

吸声材料面积比例 混响时间（s）	室内表面积 10%	室内表面积 20%	室内表面积 30%	室内表面积 40%
吸声材料降噪系数 0.6～0.7				
≥0.6	≥2.1	≥3.3	≥4.7	≥5.7
1.1～1.6	1.1～2.1	1.9～3.3	3.2～4.7	4.2～5.7
0.76～1.1	0.6～1.1	1.2～1.9	2.1～3.2	2.7～4.2
0.58～0.76	0.2～0.6	0.9～1.2	1.5～2.1	2.2～2.7
≤0.58	≤0.2	≤0.9	≤1.5	≤2.2

5.3.2 吸声模块安装

吸声模块兼具吸声和一定的隔声功能，可采用可拆卸式和可重复利用钢结构进行固定安装，固定结构由柱、横梁等构件组成（其材料为 H 型钢）。梁柱之间采用螺栓连接，吸隔声模块可采用从上至下插入式的安装方式。墙体轻钢立柱基础为钢筋混凝土独立基础，钢柱与基础采用地脚螺栓连接。吸声体外护面板采用厚度不低于 1mm 镀锌孔板，吸声体与吸声体之间缝隙用 U 形密封条密封。其中部分墙体需在有一定的位置预留进风设备的空间，其余各侧均采用吸声模块安装。

5.3.3 小结

模块化吸声材料以其优秀的降噪性能、高效的材料利用率和便捷的安装方式使其受到越来越受到关注及应用，显示出未来在变电站降噪领域广阔的应用前景。

5.4 吸声材料及结构的选择设计

5.4.1 吸声设计原则及步骤

5.4.1.1 设计原则

（1）先对声源采取措施，如改进设备，加隔声罩或消声器，或建隔声墙、隔声间等。

（2）只有当房间内平均吸声系数很小时，做吸声处理才能获得较好的效果。

（3）当房间吸声量已较高时，采用吸声降噪方法效果往往不佳。例如平均吸声系数由 0.02 提高到 0.04 和由 0.3 提高到 0.6，降噪量都是 3dB。因此，吸声量增加到一定量值时要适可而止，否则会事倍功半。

（4）吸声处理对于在声源近旁的接收者来说效果较差，而对于远离声源的接收者效果较好。同样的道理，如果在房间内有众多的声源分散布置在各处，则不论何处直达声都较强，吸声处理的效果也要差些。

（5）通常室内混响声只能在直达声上增加 4～12dB，因此若吸收掉混响声，就能降 4～12dB。当房间几何形状很特殊，在某些地点形成声聚焦的情况下，能收到 9～15dB 的降噪效果。然而，有时吸声降噪值虽然只有 3～4dB，但由于室内人员感到消除了四面八方噪声袭来的感觉，因而心理效果往往不能用 3～4dB 的数值来衡量。

（6）在选择吸声材料或结构时，必须考虑防灭、防潮、防腐蚀、防尘、防止小孔堵塞等工艺要求。

（7）在选择吸声处理方式时，必须兼顾通风、采光、照明、装修，并注意施工、安装的方便及节省工、料等。

5.4.1.2　设计步骤

（1）求出待处理房间的噪声级和频谱。对现有房间可实测；对于设计中的房间，可由机械设备声功率谱及房间壁面情况进行推算。

（2）确定室内噪声的减噪目标值，包括声级和频谱。这一目标值可根据有关标准确定，也可由任务委托者提出。

（3）计算各个频带噪声需要减噪的值。

（4）测量或根据公式估算待处理房间的平均吸声系数，求出吸声处理需增加的吸声量或平均吸声系数。

（5）选定吸声材料（或吸声结构）的种类、厚度、密度，求出吸声材料的吸声系数，确定吸声材料的面积和吸声方式等。

在设计安装位置时应注意：吸声材料应布置在最容易接触声波和反射次数最多的表面上，如顶棚、顶棚与墙的交接处和墙与墙交接处 1/4 波长以内的空间等处；两相对墙面的吸声量要尽量接近。

5.4.2　吸声设计案例

5.4.2.1　设计实例一

1. 工程概况

某 500kV 变电站是一座新建的超高压地面变电站，现布置 2 组 500kV/1000MW 主变压器（即 1 号和 2 号主变压器），每组主变压器有 3 台变压器，即 A/B/C 三相 500kV/334MW 变压器。2 组主变压器由南向北排列在站区中心道路的西侧，依次为 1 号、2 号。每组 500kV 主变压器有 A 相、B 相、C 相 3 台变压器，B 相位于中间，A 相与 B 相之间、B 相与 C 相之间及 A 相外侧、C 相外侧各有一堵约 7500mm 高、250mm 厚的砖混防爆墙（2 号 C 相北侧没有），故 1 号主变压器的安装区域有 4 堵防爆墙，2 号主变压器有 3 堵防爆墙。

该 500kV 变电站是架空高压线进出，变压器的东侧是 500kV 架空线布置区，西侧是 220kV 架空线及开关区，站区边界四周有 2.4m 高的砖砌实心围墙。该 500kV 变电站的站区面积较大，站区周边都是农田，东侧边界外是一条很窄的道路，道路东面也是农田，但有一个小村庄，距离变电站的边界约 100m。根据项目环境影响报告书的批复，要求该变电站边界达到《工业企业厂界环境噪声排放标准》（GB 12348—2008）的 2 类标准，即变电站边界处昼间的等效噪声 $L_{eq} \leqslant 60$dB（A），夜间等效噪声 $L_{eq} \leqslant 50$dB（A），居民住宅处的噪声应符合《声环境质量标准》（GB 3096—2008）的 2 类标准。

该 500kV 变电站目前的主要噪声源就是 2 组主变压器的 6 台单相变压器，变压器运行时四侧壳体向外辐射电磁噪声，散热器的排风机如果运转也会产生风动力噪声。根据该变电站某天的噪声测试数据分析可知：

（1）2 组主变压器的 6 台单相变压器壳体四周 2.0m 的噪声级大多都在 81～85dB（A），个别位置要超过 85dB（A），总体上看变压器的噪声级较高，每台变压器各侧面的噪声级都比较接近，局部点位会高一些或低一些。变压器的噪声不仅与负荷等因素有关，还受到电网中一些其他因素的影响。

（2）变电站南边界东段的噪声级在 57～62dB（A），东边界的噪声级在 55～57dB（A），符合或略超过《工业企业厂界环境噪声排放标准》中2类标准的昼间限值，不过超过了2类标准的夜间限值，其中南边界东段超标7～12dB(A)，东边界超标5～7dB(A)。

（3）变电站东南边界外村庄处的噪声级在49dB(A)左右，低于《声环境质量标准》2类标准的夜间限值，说明村庄处的环境比较安静。但该处噪声的C声级（峰值）超过70dB，C声级高出A声级20dB，说明变压器低频噪声的传播影响还是比较明显，人耳也能听到稳定的变压器噪声。

（4）500kV变压器辐射的噪声为电磁噪声，属低频噪声，排风机运行产生的噪声也属低频噪声。通过频谱曲线分析可知，村庄处的噪声在100Hz处有一个显著的声压级峰值，这与变压器电磁噪声的频谱曲线相吻合，证实了村庄处确实受到变压器电磁噪声的传播影响。

2. 噪声治理措施

防爆墙上安装吸声结构。除了变压器直接辐射的噪声外，向边界及村庄处传播的噪声还包括防爆墙的反射噪声，因此在2组主变压器的7堵防爆墙面（正对着变压器的墙面）上安装吸声材料，降低防爆墙面反射噪声的强度，也降低变压器安装处向外辐射的总噪声级，从而降低噪声向边界及边界外村庄传播的强度。吸声结构宜采用泡沫铝板吸声材料，对变压器的低频电磁噪声具有较好的吸声性能，平均吸声系数大于0.75。泡沫铝板吸声材料具有很好的防腐能力和耐候性，满足露天安装的要求。泡沫铝板吸声材料通过轻钢龙骨固定在防爆墙的墙面上，安装方便、快捷。

在编制该500kV变电站噪声治理方案时，曾采用Cadna/A声学软件对噪声治理措施的降噪效果进行模拟计算，模拟计算的输入采用现场勘测及噪声测试数据。图5-7是采取噪声治理措施后3m高度的水平声场分布图，3m相当于边界噪声排放监测点的高度。从图中可以看出：东边界及南边界东段的噪声级都低于50dB(A)，满足2类区标准要求；东南边界外村庄处的噪声级已低于40dB(A)，也优于2类区标准要求，满足1类区的标准要求，可见降噪效果是明显的。

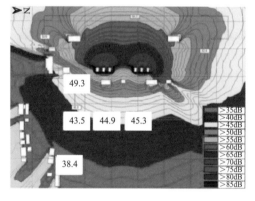

图5-7 噪声治理后的水平声场分布图

5.4.2.2 共振吸声材料的设计实例

1. 工程概况

某地区110kV变电站站址位于某道路以东180m，街道以北435m，公园东北角处。北侧为住宅楼，东侧为沿河景观带。为减少变电站噪声对居民区及沿河景观带的影响，对变电站内噪声的主要来源变压器室及散热器室进行噪声治理。

2. 治理措施

通过在主变压器室及散热器室的南、北、东三侧墙体上安装单层吸声墙，达到减少噪声的目的。安装面积约1080m²。吸声墙是一种将阻性吸声材料填入薄板穿孔共振吸声结构中的复合吸声板，它有多孔吸声材料及金属穿孔板组成。当声波进入材料空隙，引起空隙中的空气和材料的细小纤维振动，由于摩擦和黏滞阻力，声能变成热能而被吸收掉，对减少噪声有很好的效果。吸声墙安装位置如图5-8所示。

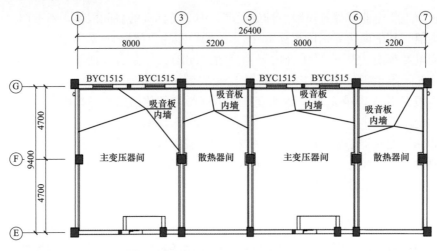

图 5-8　吸声墙安装位置

（1）实施方案。具体吸声降噪装置介绍如下：

采用迷宫型吸声模块板，根据主变压器室的设计布置，结合现场勘测，对主变压器室的轴间距离进行总体测量，并进行二次排版设计，把吸声墙体分成若干个单元，每个单元由各种规格的模块板组成。在设计与施工的过程中，尽量做到体现凹凸式的吸声模块板的立体结构，既要强调吸声的效果，同时还要注意模块板的均匀度、平整度和美观度。可采用冲孔彩镀板或冲孔镀锌钢板，进行双层组合：第一层空腔选用 $\phi3mm$ 的大穿孔板作外面板，中间填充 48mm 厚的铝蜂窝材料或空腔，穿孔后作为迷宫填料；第二层空腔既可选择离心玻璃棉作为阻尼材料，也可以空腔形式作为降噪声的共振空腔。本次吸声墙的施工设计要求美观且经济实用，既考虑到吸声又兼顾到电磁屏蔽和装潢。本装置降噪效果在 8～10dB 左右。同时迷宫型吸声模块板完全可以工业化生产，不仅可提高生产、安装效率，而且与二型一化的要求相符。

主变压器室及散热器室的南、北、东三侧墙体砌筑完成后，进行抹灰处理，抹 20mm 厚水泥砂浆，压实抛光。抹灰层完全干燥后，用专用胶粘剂将吸声板固定于墙体表面。单层吸声墙的安装工作须在主变压器室及散热器室的其他土建工作完成后进行，防止对吸声板的污染及损坏。

（2）分析总结。通过该 110kV 变电站的降噪实践，对变电站的噪声特点、噪声水平、变电站类型及其所处的位置、周围敏感点等具体情况进行考虑，结合实际情况进行分析，重点应抓好以下四个方面：

1）采用新颖先进的吸声、消声、隔声装置进行特定的组合，使各装置合理承担一定的降噪量，最终实现降噪目标。

2）利用降噪吸声墙板，减弱部分电磁感应，实现降噪且∇屏蔽的作用。

3）消音降噪功能较为理想，同时改进了吸声墙的施工安装工艺。

4）在充分考虑投资成本及社会效益的前提下，既降低了噪声与电磁场对周围环境的影响，也实现了声环境和电磁辐射指标的达标，最终达到人居环境的安全与电力建设的和谐发展。

5.4.3　微孔纤维复合吸声板设计

5.4.3.1　结构

微孔纤维复合吸声板以微穿孔吸声板为外层，铝纤维吸声板为内层，通过两者之间的中间腔和两者背后的背腔组合成的一种双共振吸声结构。该材料结合了微穿孔吸声板和铝纤维吸声板的共振峰，拓宽了吸声频带的范围，同时使吸声频带向低频延伸，具有更高的低频吸声系数。微孔纤维复合吸声板结构示意图如图 5-9 所示。

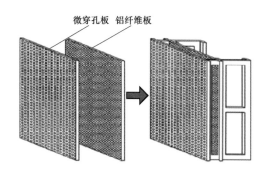

微穿孔板　铝纤维板

图 5-9　微孔纤维复合吸声板结构示意图

5.4.3.2　性能特点

微孔纤维复合吸声板结合了微穿孔吸声板与铝纤维吸声板的共振峰。一方面，铝纤维吸声板存在与微缝吸声理论类似的薄膜共振吸声和纤维阻性吸声特征，这些特征与材料背后的空腔共同作用，保证了铝纤维吸声板的吸声降噪效果；另一方面，微穿孔吸声板由于其声抗系数较为突出而声阻相对较小的特性，可以在铝纤维吸声材料吸声效果不足的频段发挥吸声降噪作用。与同类型吸声材料相比，微孔纤维复合吸声板的技术优势主要体现在：

（1）低频吸声系数高于多数降噪材料。按照国家标准《声学阻抗管中吸声系数和声阻抗的测量　第 1 部分：驻波比法》（GB/T 18696.1—2004）。采用双传声器阻抗测量管对微孔纤维复合吸声板（背腔 120mm）进行测定，吸声系数曲线如图 5-10 所示。

由图 5-10 可以看出，微孔纤维复合吸声板吸声曲线拥有 2 个吸声波峰，具有更高的低频吸声系数。具体来看，该板在 100Hz 的吸声系数即达 0.3；在 1200Hz 的吸声系数几乎达到

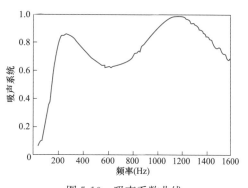

图 5-10　吸声系数曲线

1.0；在 200～1600Hz 的吸收频带内吸声系数能保证在 0.8 以上。基本能够满足主变压器的降噪需求，是变电站噪声治理的理想吸声材料。

（2）良好的防火性能和耐候性能。微孔纤维复合吸声板采用全铝材质，本身为不燃性材料，燃烧性能等级达到 A1 级。铝材质表面经空气氧化形成的一层致密的氧化膜，可防止微孔纤维复合吸声板被腐蚀破。经喷淋处理（喷淋密度 10mg/cm²）后，材料无腐蚀现象发生，且吸声系数下降不超过 5%；经过污秽处理（污秽密度 20mg/cm²）后，材料在 125～250Hz 的吸声系数略微增加，在 250～700Hz 的吸声系数有所降低，且波峰呈现出窄频的趋势，但吸声系数下降不超过 10%；经过 1440h 中性盐雾腐蚀后，材料无腐蚀现象发生，且吸声系数下降不超过 10%。

（3）绿色环保，散热性好。微孔纤维复合吸声板物理化学性质稳定，不会像矿物棉材料

一样产生微尘，其机械强度较高，不会因受潮、风吹等轻易塌陷失效。吸声板的导热系数较高，用于室内应用时不会集聚太多热量。

5.4.3.3 实际应用

以微孔纤维复合吸声板为基础，已形成了系列化、模块化、标准化的降噪产品，可根据变电站声源设备分布和整体布局以各种形式安装在变电站内部或周围，具体应用包括：

（1）吸声壁面。

1）以某一位于城区中心的 110kV 变电站为例，该变电站为典型户内变电站，拥有 2 座主变压器，厂界处敏感位置有居民楼一座。现场测试结果显示，在日常运行工况下，厂界噪声基本稳定在 $52\sim53dB(A)$，环境影响较严重。由于主变压器室为立方体结构，声波容易在主变压器室内叠加放大，产生驻波与混响。首先对主变压器室的声源特征和声场分布状况进行计算，并通过室内声学模拟计算分析和实际经验分析，对室内声场模态和声压变化规律进行解析与重构，确定了影响声场变化的主要方位和参数。根据新型吸声装置的吸声特点，将吸声装置以微孔纤维复合吸声壁面的形式布设于室内壁面位置，如图 5-11 所示。

2）以某一位于城区的 110kV 变电站为例，由于主变室、电抗器室空间有限，噪声传播时被壁面多次反射，形成驻波、混响效应，提升了室内噪声声级，造成噪声排放超标。常用的室内降噪手段是在壁面上安装吸声板，所用降噪材料为矿物质棉、穿孔石膏等。此类吸声板具有不燃、不腐、加工性好、价格低廉等优点，但其低频吸声系数低，不能有效抑制噪声的反射效应。采用微孔纤维复合吸声板代替传统降噪材料制备吸声壁面，不仅能够有效吸收低频噪声，而且导热性好，便于室内热量散失。吸声板通过龙骨固定在壁面上，通过双共振体系吸收设备噪声，既能消除室内驻波、混响效应，又能阻止噪声向室外传播。

（2）消声器。

1）以某一位于城区的 110kV 变电站为例，其主变压器室未经任何处理的通风口是厂界噪声超标的重要原因之一。结合室内上方通风口的结构特点和噪声特征，在排风口外侧安装了微孔纤维复合吸声板制备的消声系统，系统主要由消声弯头、消声器、风机消声隔声箱、消声静压箱、风机等设备部件组成，保证室内噪声与通风噪声的有效消除。微孔纤维复合吸声板制备的消声系统的现场应用如图 5-12 所示。

图 5-11　微孔纤维复合吸声板制备的吸声壁面　　图 5-12　微孔纤维复合吸声板制备的消声系统

2）进排风通道是变电站噪声向外传播的主要途径，工程中一般采用消声器降低噪声的排放。现有的消声器大多采用阻抗复合式，由于其结构复杂、重量大、高温氧化吸声填料、水气渗透吸声填料等原因，通常会出现维修频繁、消声效果差、使用周期短等情况。目前市面上的微穿孔板消声器能够较好地解决这些问题，但这类消声器主要采用共振吸声原理，吸声频带较窄，而变电站中除变压器、电抗器、电容器等产生的高频噪声外，还有冷却装置发出的高频噪声，微穿孔板消声器很难有效消除所有类型的噪声，因此这类消声器也不适用于变电站降噪。将微孔纤维复合吸声板以消声器的形式加衬在气流通道内壁，利用其良好的低频吸声性能和宽频带吸声特性，将主变压器噪声、电抗器噪声、风机噪声等各类噪声的大部分声能量消除耗散，能够有效改善室外的声环境。

（3）声屏障。

1）以某 220kV 户外变电站为例，其主变压器室楼顶设置有 2 台大型冷却系统，通过循环水强制风冷。冷却系统近场噪声为 52～53dB(A)，超过Ⅰ类声环境功能区夜间排放限值要求。由于声源设备位于户外，且体型较大，常规声源降噪、传播途径降噪方案实施困难，且成本高昂，故采用声屏障降噪方案。该工程中声屏障主要由结构材料与声学材料共同组成。声学材料主要包括吸声和隔声部分，其中吸声部分为微孔纤维复合吸声板；隔声部分为聚氨酯＋镀锌钢板复合隔声结构，通过工字钢立柱固定，形成高 4m、内倾 45°、0.5m 内伸结构的声屏障。声屏障利用原有基础及浇筑砌块共同组成新的结构基础，能够抵御 10 级以上大风。微孔纤维复合吸声板制备的声屏障现场应用如图 5-13 所示。

图 5-13　微孔纤维复合吸声板制备的声屏障

2）当声源降噪和传播途径降噪方案受条件限制或上述降噪措施不经济时，则可对噪声敏感区进行专门防护，一般通过声屏障实现这一技术目标。使用微孔纤维复合吸声板制备的声屏障，能够大幅降低噪声向远距离辐射的效率。相对于传统声屏障用的岩棉、玻璃棉等吸声材料，微孔纤维复合吸声板在露天环境下的服役性能、耐候性能和耐潮性能更加优越，能够长期保持高效的吸声性能。

（4）隔声罩。

1）以某小区地下一层配电室为例，该配电室安装配电变压器 2 台。通过对变压器噪声测量和配电室正上方居民住所的测量，配电变压器平均噪声级 53.7dB(A)，居民住所平均噪声级 35.3dB(A)，而根据《工业企业厂界环境噪声排放标准》（GB 12348—2008）规定，1类区 A 类房间夜间噪声限值要求为 30dB(A)，故噪声超标。由于配电室的噪声源仅为变压器，为确保降噪效果，采用隔声罩降噪方案。工程中主要采用微孔纤维复合吸声板作为高效隔声罩的吸声内衬，与隔声罩外部钢板组成"内吸外隔"的结构，极大地提高了隔声量。吸声内衬与隔声钢板之间的空隙作为排风通道,利用顶层排风机保证原有的通流功能。微孔纤维复合吸声板制备的隔声罩如图 5-14 所示。

图 5-14 微孔纤维复合吸声板制备的隔声罩

2)传统的隔声罩用于变压器、电抗器的隔声降噪时,还需要增设进排风通道和消声器,便于设备散热。这种传统隔声罩在短时间内效果较好,但吸声用石棉绒、玻璃棉等材料耐久性差,受潮后易塌陷失效,若要保持对低频噪声的治理效果,需增加厚度,导致成本上升。由微孔纤维复合吸声板替代传统玻璃棉制成的隔声罩,不仅低频降噪效果获得较大提升,还节省了空间、节约成本。

5.5 消声降噪措施典型设计

5.5.1 户内变电站的通风散热问题

为了减少变压器对外界的噪声影响一般采用全封闭式或半封闭式隔噪措施,影响了其在运行过程中的通风散热效果,不可避免地造成通风散热与降噪之间的矛盾。

变压器在运行过程中会产生损耗,损耗主要包括铜损及铁损。这两种损耗都会产生热量,热量通过冷却介质(主要是变压器油或 SF_6 气体)、变压器壳体及散热器表面与空气进行热交换。当变压器产生的热量与变压器壳体及散热器表面与空气进行热交换的热量相等时,变压器处于热平衡状态,变压器油(气)温趋于稳定;当变压器产生的热量大于变压器壳体及散热器表面与空气进行热交换的热量时,变压器油(气)温度上升,与周围空气温差加大,热交换加剧,当达到一个新的平衡点时,变压器油(气)温保持不变。

变压器允许运行的最高温升主要受变压器绝缘材料耐热等级的限制。目前运行的油浸式变压器,其绝缘材料耐热等级为 A 级,其最高允许的绕组运行温度为 105℃,相应上层油温为 95℃;SF_6 变压器采用 B 级绝缘,其最高允许的绕组运行温度为 130℃,相应的上层 SF_6 气温为 100℃。A 级绝缘变压器运行温度与使用寿命对照表见表 5-3。

表 5-3 A 级绝缘变压器运行温度与使用寿命对照表

运行温度(℃)	90	105	120
使用寿命(年)	20	7	2

注 温度每升高 8℃,绝缘寿命要减少 50% 左右。

从表 5-3 可看出，运行温度对变压器的使用寿命有很重要的影响。超温运行不仅增加变压器的损耗，还可能导致变压器内部发生过载或短路，甚至可能引起变压器爆炸，因此必须进行通风散热。

通风方式有两种：一种是自然通风，它的原理是利用室内外空气的密度差引起的热压或室外大气运动引起的风压而进行的通风换气，要求进入室内的空气量能补偿排出的风量；另一种是机械通风，其原理是依靠风机提供的风压、风量，通过管道和送、排风口系统有效地将室外新鲜空气或经过处理的空气送到建筑物的任何工作场所，或者将建筑物内受到污染的空气及时排至室外，或者送至净化装置处理合格后再予排放。

1. 自然通风

充分合理利用自然通风是一种既经济又有效的措施，在自然通风不能满足要求时再考虑机械通风补偿。在室内变压器通风散热过程中，首选自然通风。

在利用自然通风降温中，应注意以下方面，否则会较大的影响通风效果。

（1）选择适当的进风口位置。变压器散热依靠其本体外壳和散热器，而外壳与散热器的散热面积比约为 1：11～1：9，因此进风口应主要布置在正对散热器的上风口位置，而不是仅对着变压器本体外壳。

（2）变压器室的换风量、进出风口的面积必须经过计算。变压器室的换风量必须按照变压器的容量、满载损耗和有关规范严格计算，得出相应的进出风口面积，并保持进出风口通畅。

（3）辅助机械通风设计。考虑夏季极端天气设计辅助机械通风系统。选择风机时，为避免风机产生二次噪声，选用低速低噪声风机，例如两台德国 EBM 公司生产型号为 W2S30-AA$_{03-01}$ 风机，单个风量为 320m^3/h，噪声水平为 1m 处平均 A 声级 49dB，总设计风量为 $320 \times 2 = 640$（m^3/h）。风机的控制采用自动温控开关，在环境温度达到设定的阈值 40℃时风机启动，在温度降到低于阈值 5℃时，自动切断电源，风机退出运行。

2. 机械通风

仅靠自然通风无法保证变压器正常运行需要的合理温度，就需要采用机械通风来进行强制通风。对于机械强制通风，首先确定机械强制通风机的类型。通风机分为离心式通风机和轴流式通风机两种。离心式风机流量相对较小，压头相对较高，必须有安装基础和附设风管，施工周期长，费用高。轴流式风机流量相对较大，压头相对较小，不需要安装基础和附设风管，施工周期短，费用低。综合比较，轴流式风机作为强制通风机更合理、更经济，因此在输变电工程中常采用轴流式风机。

在输变电工程中通常采用自然通风与机械通风相结合的形式。适量的机械通风作为自然通风的必要补充，当极端天气时，自然通风的设计通风量达不到需要的通风量时，要考虑强制机械通风设计。机械设计的通风量设计依据为极端天气室外气温与工作区域温度条件下所需通风量与自然通风量的差值。

室内变压器常用的通风散热方式有：

（1）变压器室采用自然通风与机械通风相结合的方式，每个变压器单元设进、排风百页窗和轴流风机，利用高差和机械排风进行散热。

（2）在电容器室、接地变压器及消弧线圈室外墙安装进风百页窗和轴流风机，利用机械通风进行散热。

（3）10、35kV 配电装置室、GIS 室、地下电缆夹层设事故轴流风机、进风百页窗，利用机械、自然通风进行散热。

变压器在运行过程中要保持良好的通风散热条件，必要时须采取通风措施，以达到降低变压器温升、防止运行中产生故障的目的。这就要求在设计时要充分考虑变压器室的进风口、排风口、风道的截面面积大小以及强制排风使用的轴流风机数量。但是变压器产生的噪声会通过送排风口透出来，而且轴流式风机是输变电工程中常用的机械通风方式，但是即使使用低噪声轴流式风机，在运转时仍然会产生较大噪声。其噪声主要是空气动力性噪声，它是气体在流动过程中产生的，是由气体的不稳定流动，气体与气体、气体与物体间相互作用所产生的噪声。且风机运转时产生的噪声频率分布广。目前，安装消声器是解决通风散热和噪声控制矛盾的最有效措施。

5.5.2　户内变电站的消声器结构设计说明

消声器的类别按消声特性可分为阻性消声器、抗性消声器以及阻抗复合消声器、特殊消声器四大类，每一小类又有多种形式：如阻性消声器又可分为管式消声器、片式消声器、消声百叶窗、消声弯头、蜂窝式消声器；抗性消声器可分为扩张室消声器、共振腔式消声器等。通常必须在专用的动态试验台上用插入损失法进行测定消声器的消声量和阻力损失，如图 5-15 和图 5-16 所示。声源部分有变风量风机和扬声器，后者是为填补风机频率特性所用（即填平声级较低的频段）；中间为试验段，配置所测定的消声器；后部为末端，为消除末端声反射对消声量的影响，通常出口外都配置吸声尖劈。需要注意的是，通过试验台测得的声衰减量值偏高。

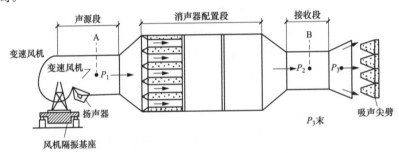

图 5-15　消声器消声量和阻力损失测试装置示意

图 5-16　消声器消声量和阻力损失测试装置实物

根据试验台声源段测得的声压级 P_1 与接收段测得的声压级比较，其差值即为该消声器的消声量，见式（1-9）。

1. 阻性消声器的形式与消声特性

阻性消声器又称吸收式消声器，是利用吸声材料的吸声作用，使沿通道传播的噪声不断被吸收而衰减的装置。

阻性消声器对中、高频噪声有较好的消声效果，所以其应用范围很广。阻性消声器的最简单形式是在通风管道或弯头内衬贴吸声材料，前者为管式消声器，后者为消声弯头。

高频失效是指当频率高到一定数值时，声波在消声器中传播便不符合平面波的条件，声波将以窄束状通过消声器，而很少或根本不与管壁吸声材料接触，从而使消声效果下降。当声波波长小于通道断面尺寸一半时，消声效果便开始下降。其经验公式（5-4）为：

$$f_s = 1.85 \frac{c}{D} \tag{5-4}$$

式中：f_s 为上限截止频率（Hz）；c 为声速，常温常压下可取 340m/s；D 为消声器通道界面的当量直径（m）。

当频率高于失效频率 f_s 以后，每增加一个倍频带，其消声量约比在失效频率处的消声量下降 1/3。因此，管式消声器或消声弯头的断面不宜太大，通常仅用于风量很小的房间内。直管式阻性消声器的静态消声量可按式（5-5）和式（5-6）计算：

$$\Delta L = \frac{\varphi(\alpha_0) P l}{S} \tag{5-5}$$

$$\varphi(\alpha_0) = 4.34 \times \frac{1 - \sqrt{1 - \alpha_0}}{1 + \sqrt{1 - \alpha_0}} \tag{5-6}$$

式中：ΔL 为消声器内无气流情况（即静态）下的消声量（dB）；$\varphi(\alpha_0)$ 为消声系数，可由表 5-4 查得；α_0 为驻波管法吸声系数；P 为消声器通道内吸声材料的饰面周长（m）；l 为消声器内有效长度（m）；S 为消声器通道截面积（m²）。

表 5-4 消声系数与吸声系数间的对应表

α_0	$\varphi(\alpha_0)$	α_0	$\varphi(\alpha_0)$	α_0	$\varphi(\alpha_0)$ 理论值	$\varphi(\alpha_0)$ 经验值	α_0	$\varphi(\alpha_0)$ 理论值	$\varphi(\alpha_0)$ 经验值
0.10	0.11	0.35	0.47	0.55	0.86	0.82	0.80	1.66	1.20
0.15	0.17	0.40	0.35	0.60	0.98	0.90	0.85	1.92	1.30
0.20	0.24	0.45	0.64	0.65	1.11	1.00	0.90	2.25	1.35
0.25	0.31	0.50	0.75	0.70	1.27	1.05	0.95	2.75	1.42
0.30	0.39	/	/	0.75	1.45	1.12	1.00	4.34	1.50

注 当消声器内吸声材料的吸声系数大于 0.6 时，建议采用表中经验值，以使计算值接近实际值。对阻性消声器效果做粗略估算时，则可取 $\varphi(\alpha_0)$ 值为 1。

由式（5-6）可知，当消声器长度和通道截面积一定时，消声器的衰减量 NR 与通道的净周长成正比。则为了提高阻性消声器的声衰减量，增大通道净周长是有效方法，因此在管式消声器的基础上出现了片式和蜂窝式消声器。为了减少阻力损失、通道截面积和提高"高频失效频率" f_s，又产生了折板式和声流式消声器。上述几种阻性消声器的形式见图 5-17。

消声百页又叫百页式消声器或消声百页窗，是变电站中常用的一种消声器，它实质上是一种长度很短（0.2~0.6m）的片式或折板式消声器的改型，在特点上也符合阻性消声器的特性，对中高频性噪声较为有效。消声百页是一种允许气流通过并消除噪声的窗式结构，可以兼作装饰用窗。通常其结构的材料全部采用优质铝合金，加之特殊的加工工艺，使得消声百页窗可以在任何气候条件下使用。百页片通过合理设置衰减噪声的辐射，页片下侧设置微孔活塞式吸声共振体可拓宽其消声频带。消声百页能较全面地满足通风散热、采光、围护及控制噪声的要求，但隔声量较低。

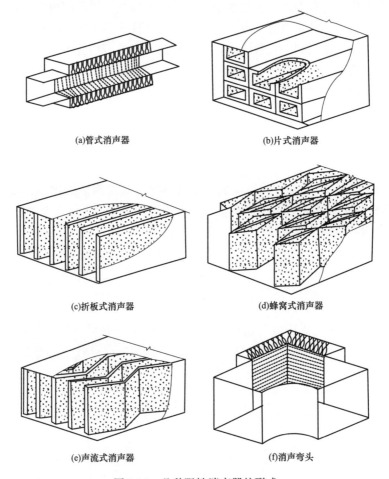

(a)管式消声器   (b)片式消声器

(c)折板式消声器   (d)蜂窝式消声器

(e)声流式消声器   (f)消声弯头

图 5-17　几种阻性消声器的形式

2. 抗性消声器的形式与消声特性

抗性消声器不使用吸声材料，而主要是通过控制声抗的大小来实现消声。利用声波通过断面的突变（扩张或缩小）时，使沿管道传播的某些特定频段的声波反射回声源或产生声干涉，从而达到消声的目的。抗性消声器具有良好的低频和低中频消声性能。因为它不需填充多孔性吸声材料，所以能适用于高温、潮湿、高速及脉动气流环境。常用的抗性消声器有单节、多节、外接式和内接式等多种，见图 5-18。

当噪声为低频特性时，可采用抗性消声器。单节扩张室消声器的消声量可按式（5-7）计算：

$$\Delta L = = 10\lg\left[1 + \frac{1}{4}\left(m - \frac{1}{m}\right)^2 \sin^2(kl)\right] \tag{5-7}$$

其中
$$m = S_2/S_1$$
$$k = 2\pi/\lambda$$

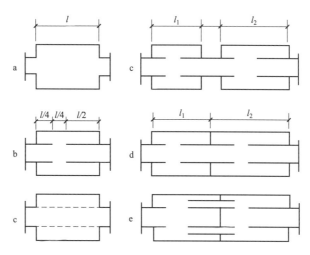

图 5-18 几种抗性消声器的形式

式中：ΔL 为抗性消声器的消声量（dB）；m 为膨胀比或扩张比，即消声器扩张室与原管道截面积之比；k 为波数；λ 为声波波长；k 值变化相当于频率变化；l 为膨胀室的长度（m）。

3. 复合消声器的形式与消声特性

吸收式消声器的低频消声性能较差；抗性消声器的高频消声性能很差；共振消声器的有效消声频率范围较窄。复合式消声器是将阻性与抗性或共振消声原理组合设计在同一个消声器内，因此具有较宽的消声特性，在空调系统的噪声控制中得到了广泛的应用。此外，在室式消声器内设置多孔性吸声材料（或结构），也是阻、抗复合的一种形式。其目的都是为了获得宽频带、高消声量的消声器，如图 5-19 所示。

图 5-19 复合式消声器

4. 消声器的选用

阻性消声器和复合消声器有一些系列产品可供选择，但抗性消声器通常要根据对某一频段（低频段）消声量的需要进行单体设计，而没有系列产品。设计或选用消声器时，要同时考虑消声器消声特性、消声器内的气流噪声和生噪声、阻力损失（压力损失）、造价、构造与尺寸大小和它的适用范围。

5.5.3 消声器的选用与设计

据《声学 消声器噪声控制指南》（GB/T 20431—2006），其设计原则以及设计计算如下：

1. 原则

（1）户内（含地下）、半户内变电站的风机处和进排风口处宜采用消声措施。

（2）变电站消声器的设计和选用应根据噪声频谱特性、所需插入损失、气流再生噪声、空气动力性能以及防潮、防火、防腐蚀等特殊使用要求确定，并满足以下要求：

1）主变压器室、电抗器室的进气口宜采用消声百页、折板式消声器、微孔板消声器等。

2）屋顶风机出口宜选用阻抗复合式消声器，风量较小时可采用消声弯头。

3）消声器引起的压力损失应控制在设备正常运行许可的范围内。

4）消声器内气流速度宜小于 10m/s，进气消声器可选 3～5m/s，排气消声器可选 7～9m/s。

（3）变电站消声设计还应满足安全、环保等方面的要求。

2. 设计程序及计算

（1）估算变电站厂界和周围噪声敏感建筑物处的各倍频带声压级。根据选定的变压器（电抗器）63Hz～8kHz标称频带中心频率的8个倍频带的功率级，按照GB/T 20431—2006《声学 消声器噪声控制指南》附录B提供的噪声计算模式计算变电站厂界和周围噪声敏感建筑物处各倍频带的声压级。

（2）确定允许噪声级和各倍频带的允许声压级。根据变电站和周围噪声敏感建筑物所在声环境质量功能区确定变电站厂界和周围敏感建筑物的噪声限制值，并由此确定变电站厂界和周围噪声敏感建筑物处63Hz～8kHz标称频带中心频率的8个倍频带的声压级。

（3）计算所需消声量。将计算得到的厂界或噪声敏感建筑物各倍频带的声压级减去厂界或噪声敏感建筑物各倍频带的允许声压级，得到各倍频带声压级所需消声量。

（4）确定消声器的类型。应根据所需消声量、空气动力性能要求以及空气动力设备管道中的防潮、耐高温等特殊使用要求确定消声器的类型；根据现有定型系列化消声器的性能参数确定消声器的型号。常用消声器的参数及消声量参见附表4。有条件时，也可自行设计符合要求的消声器。

5.5.4 消声器设计案例

各消声器的基本设计计算方法因消声器的设计原理、类型不同而不同。本部分结合某室内变电站消声器设计具体分析。

某变电站内设110kV变压器两台（1号和2号主变压器），考虑通风的需要，变压器房配备上海应达电器有限公司生产的轴流通风机6台，型号为SFGS-6，主要参数为额定转速为1450r/min，风量为9300m³/h，全压静压为90～200Pa，生产厂家提供单台风机噪声为74dB（A）。中心变电站北面离居民楼仅有10m左右的距离。

经实地监测，当单台变压器机组运行且轴流风机运行时，1号主变压器房内噪声可达77.2dB（A）（01主变压器空载）、2号主变压器房内噪声达80.8dB（A），1号主变压器卷闸门外（北面）1m处噪声74.2dB（A），2号主变压器卷闸门外（北面）1m处噪声72.2dB（A）（此噪声分贝值是在轴流风机出风口经过钢板处理隔声后所测的值）。三个厂界噪声测点（北面10m处）的夜间测试值分别为63.1、65.1、65.5dB（A）。2号主变压器室内外噪声频谱见表5-5，由表可看出变压器房室内噪声呈明显的低频特征，而在室外低频不明显。室外噪声是室内变压器噪声经卷闸门隔声和轴流风机出风口经过钢板处理隔声的噪声叠加的结果。

根据《中华人民共和国噪声污染防治法》及国家《城市区域环境噪声标准》（GB 3096—1993）的规定要求，按照该市噪声达标功能区划分，该地区位于城市二类居住、商业、工业混杂区，即昼间60dB（A），夜间50dB（A）。由于变压器房先建成使用，且超大型卷闸门（8m×8m）的施工难度及尽量节省工程造价等因素，本工程控制目标是使变压器房北面10m界外昼间噪声降到50dB（A）。

表5-5　　　　　　2号主变压器治理前室内外噪声中心频率的声压级　　　　　　dB（A）

中心频率（Hz）	31.5	63	125	250	500	1000	2000	4000	8000	L_{Aeq}
治理前室内噪声	72.4	74.9	79.6	78.8	79.6	76.0	70.0	64.0	47.7	80.8
治理前室外噪声	34.6	51.8	59.9	62.1	67.3	67.0	65.2	57.0	47.3	74.2

1. 室内变电站噪声控制方案

根据变电站噪声的频率特征，采取多种措施对室内变电站噪声进行综合控制。

（1）变压器房内的房顶、地面和四壁为水泥抹面的刚性平面，光滑坚硬，平均吸声系数小于 0.015，室内混响声严重，可在适当位置吊装吸声构件和吸声吊顶，约占内壁总面积的 26%。吸声构件用松木做骨架，结构由外向里分别是金属网、玻璃布、超细玻璃棉（25kg/m³）及玻璃布，总厚度 100mm。构件和吊顶与壁面、顶面之间留有 100～400mm 空腔，以提高吸声材料低频吸声性能。室内经过吸声处理后，混响声下降 4～6dB（A）。

（2）在超大型卷闸门处安装可移动的隔声屏。隔声屏采用内吸外隔结构，隔声屏壁用四种材料复合制成，即镀锌钢板＋吸声材料＋护面材料＋镀锌穿孔板，其内吸外隔的性能降低了室内的混响声，提高了壁面的吸、隔声能力。

（3）设计一种结构独特的内附共振腔阻抗复合消声器，用于控制变压器的低频噪声和排风扇的中、高频噪声的混合噪声。

2. 共振腔阻抗复合消声器消声原理

根据变压器低频噪声和排风扇的中、高频噪声的混合噪声这几种声源叠加噪声频带宽的特点，利用阻性消声器在中高频消声性能好、在低频时消声性能差，而扩张式消声器在低中频有较好的消声性能、在高频消声效果差的特性，对 500Hz 的低频噪声采取内附共振腔的办法，设计一种低风阻，在低、中、高频带范围内都有较好消声性能的共振腔阻抗复合消声器。阻性消声段的计算见别洛夫公式（5-5）和式（5-6）。

对于阻性片消声器，其计算见式（5-8）：

$$\Delta L = 2\varphi(a_0)\frac{a+h}{ah}l \tag{5-8}$$

本案例中要求降噪量 30dB 左右，阻性消声段应降噪 25dB 以上。针对表 5-5 中的噪声频谱，采用平均吸声系数为 0.77 的超细玻璃棉，将 $a_0=0.77$ 代入得 $\varphi(a_0)=1.45$，因 $a_0>0.6$，应采用经验计算值 1.2 进行设计；取 $a_1=0.76$m，$h_1=0.1$m，$L_1=1.0$m，代入式（5-8）得：

$$\Delta L_1 = 2 \times 1.2 \times \frac{0.76+0.1}{0.76 \times 0.1} \times 1.0 = 27.16\text{dB（A）}$$

另扩张消声段内壁设置吸声材料，可作为消声弯头进行计算，取 $a_2=0.76$m，$h_2=0.63$，$l_2=1.0$m，代入得：

$$\Delta L_2 = 2 \times 2.9 \times 1.2 \times 1.0 = 6.97\text{dB（A）}$$

在设计中应避免失效频率对高频消声性能的影响。

扩张消声段的消声量由式（5-7）计算。在扩张消声段的设计中要注意消除通过频率，参数的确定也应避免高频失效现象和低频失效（当声波频率与共振频率相同时）现象。

考虑复合消声要求风阻小，本案例中仅考虑单节抗性消声。由式（5-7）可知消声量是 $\sin(kl)$ 的周期函数，当 $\sin(kl)=1$ 时，消声量最大值为 $\Delta L_{\max}$：

$$\Delta L_{\max} = 10\lg\left[1 + \frac{1}{4} \times \left(m - \frac{1}{m}\right)^2\right]$$

取 $m=2$ 代入式中得 $\Delta L_{\max}=1.94$dB（A）。

共振腔消声量由式（5-9）计算：

$$L_R = 10\lg(1+2K^2) \tag{5-9}$$

其中

$$K=\frac{GV}{2S}, \quad G=\frac{\pi d^2}{4\times(L+0.8d)}, \quad f_r=\frac{G}{2\pi}\times\sqrt{\frac{G}{V}}$$

式中：G 为传导率；d 为小孔直径 8×10^{-3}m；V 为空腔体积 5.27×10^{-2}m²；L 为小孔径长（即板厚）2×10^{-3}m；S 为气流通道截面积 0.1355m²，开孔率 5%。

$$G=\frac{\pi d^2}{4\times(L+0.8d)}=\frac{\pi\times(8\times10^{-3})^2}{4\times(2\times10^{-3}+0.8\times8\times10^{-3})}=0.005983$$

$$G_{总}=nG=525\times5.983\times10^{-3}=3.13(n\text{ 为每个共振腔开孔数})$$

$$K=\frac{\sqrt{GV}}{2S}=\frac{\sqrt{3.13\times0.0527}}{2\times0.1355}=1.499$$

$$L_P=10\lg(1+2K^2)=10\lg(1+2\times1.499^2)=7.39[\text{dB(A)}]$$

共振腔吸收的中心频率：

$$f_r=\frac{C}{2\pi}\times\frac{G}{V}=\frac{340}{2\pi}\times\sqrt{\frac{3.13}{0.0527}}=417.02(\text{Hz})$$

即该共振腔吸收的中心频率为 417.02Hz，从频谱上看是符合设计要求的，对于处理 500Hz 以下的低频效果较好。

复合消声器总降噪量为：

$$\sum=\Delta L_1+\Delta L_2+\Delta L_{\max}=27.16+6.97+1.94=34.38[\text{dB(A)}]，满足设计要求。$$

3. 内附共振腔阻抗复合消声器结构

内附共振腔阻抗复合消声器结构针对混合噪声的特点，如图 5-20 所示，其外壁采用内吸外隔结构，扩张消声段内壁做成消声结构以改善扩张段的消声频带，内置无碱超细玻璃棉（80mm），密度为 20k/gm³，护面材料用 0.2mm 玻璃纤维布加镀锌穿孔板（穿孔率 20%，直径 50mm）。穿孔板、阻尼层、无碱超细玻璃棉实际上构成了一种复合吸声结构。此复合吸声结构又与最外层 2mm 厚钢板构成了多层复合隔声结构。因分层材料阻抗各不相同，声波在各层面上多次反射。

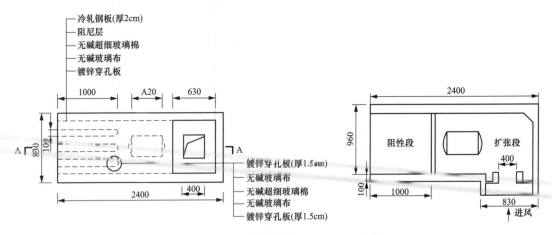

图 5-20　内附共振腔阻抗复合消声器结构

多孔性吸声材料声音衰减，减弱了共振和吻合效应，可错开共振与临界的吻合频率，改善了共振区与吻合区的隔声量频率低谷效应，提高了总隔声量。

在阻性消声段中放入片式消声片，消声片的厚度取 100mm，内置无碱超细玻璃棉（80mm），密度为 25～30kg/m³，平均吸声系数为 0.77，以增强对低频的去除，消声片的护面材料用 0.2mm 玻璃纤维布加镀锌穿孔板（穿孔率 20％，ϕ50mm）；消声器内气流通过速度为 10m/s。

内附共振腔主要针对 250～500Hz 的低频噪声而设计。小孔直径 8×10^{-3}m，采用圆柱形空腔，体积为 5.27×10^{-3}m³，小孔径长（即板厚）2×10^{-3}m，气流通道截面积 0.1355m²，开孔率 5％。共振腔吸收的中心频率为 417.02Hz。

4. 降噪效果测试

在治理完成后测得的噪声频谱见图 5-21，其中室外 B 点为距消声器出口处 1m，噪声值为 52.9dB(A)；室外 3 号点为距消声器 10m 的北厂界处，噪声值为 49.4dB(A)，小于 50dB(A) 的二类混合区夜间标志。

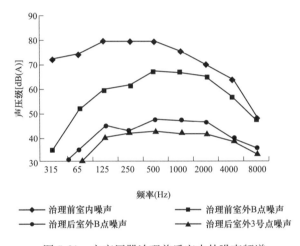

图 5-21　主变压器治理前后室内外噪声频谱

从图 5-21 可以看出，由于内附共振腔阻抗复合消声器采取了特殊的复合结构，设计科学合理，在整个噪声频带范围内均有良好的降噪效果，其插入损失为 28.8dB(A)，且降噪效果稳定，寿命长。

5.5.5　小结

本节以消声器的设计选型为中心，介绍了消声器设计选型的要点及步骤，并结合实际案例阐述了消声器在变电站的设计选型。变电站变压器在运行过程中温度会升高，而温度对变压器的使用寿命有很大影响，超温运行不仅增加变压器的损耗，还可能导致变压器内部发生过载或短路，甚至可能引起变压器爆炸，因而必须进行通风散热。但是设置通风口必定会对隔声构件的整体隔声量有较大影响，因而需要通过选择或设计适当的消声器来解决变电站通风散热与隔声降噪之间的矛盾。消声器的类别按消声特性可分为阻性消声器、抗性消声器以及特殊消声器等三大类，每一种类型都适用于不同特性的噪声，应结合变电站噪声特性和环境实际情况，选择或设计适当的消声器。

6.1 全户内变电站噪声控制设计典型案例

6.1.1 案例介绍

6.1.1.1 项目概况

某地级市 110kV 变电站设计规划为 3 台 50MW 主变压器,采用全户内布置,地下一层,地上两层建筑,总建筑面积为 300m²,建高为 13m。地址靠近该市商业地区,北侧为道路,其余三侧均为商业楼,变电站外墙距最近楼层的间距仅 15m。在初设阶段,针对主变压器噪声和通风降噪原理采用了相应措施,实施后获得比较理想的结果,同时又满足了对变压器通风散热的要求。

变压器运行时产生的噪声是变电站噪声的主要来源。在变压器工作时需要通风散热、检查维修,必须设置进、出风道口与门洞。该变电站地下一层为主变压器室,是变电站最大的噪声源,三个主变压器室的门洞、屋顶排风阁楼进排风口及轮轴风机口为主要噪声传播途径。

6.1.1.2 变压器室的通风降噪理论依据及方案设计

降低变压器噪声可通过两个途径实现,即减少变压器噪声的产生和抑制变压器噪声的传播。对于全户内变电站,降低变压器本身的噪声,就是选用低噪声变压器和自然风冷方式;对变压器整体采用隔振、隔声、吸声以及消声器措施。

1. 吸声处理

通过在室内墙面涂覆处理或装置吸声砖、板来增加墙面的吸声系数,可以降低变压器产生的噪声。该 110kV 变电站采用了微穿孔板作为吸声结构:先将轻钢龙骨固定在主变压器室内四周墙面上,吸声板为玻璃棉用玻璃纤维布包好,放置在龙骨之间,护面板采用铝合金穿孔板。室内吸声面积控制占主变压器室内总面积的 60% 左右。此时吸声效果显著,若进一步增加室内吸声面积,不仅降低室内的噪声效果不明显,建设费用也大大增加,性价比不高。

2. 隔音处理

在不对变压器本体改造的情况下,对变压器原有的进风口、出风口、排风风扇、百页窗以及检修门进行必要的封闭隔音处理,能够有效地阻断噪声外传。

设透过墙体传到室外的声能量与缝隙的面积成正比,则隔音量 R 可用式(6-1)计算:

$$R = 10\lg(S/s) \tag{6-1}$$

式中：S 即漏声的缝隙面积；s 为需要隔音的敞口（如门、窗）的面积。设 S/s 分别为 0.1、0.01，即缝隙的面积为原敞口的 1/10 和 1/100，则隔音量 R 将分别小于 10dB 和 20dB，即可显示出漏声对于隔音的功效是至关重要的。

隔声材料的质量是影响隔音效果的重要指标，其表达式为：

$$Q = 20\lg(ml) - 43 \qquad (6\text{-}2)$$

式中：Q 为隔音面板的隔音量；m 为单位隔音面板的质量；l 为声波的频率。

由式（6-1）可以看出，单位隔音面板的质量越大、噪声的频率越高，隔音效果越好，所以混凝土砖墙的隔音量可以达到 50dB，而一般的 1.0mm 厚钢板的隔音量不足 25dB。

经调查发现，110kV 变电站变压器室的大门采用可拆卸式复合彩钢板能符合隔音要求，而大门要兼顾各种设备的安装、检修及施工人员的进出需要，面积必须到 25～30m² 以上。在设计方案中，隔音门最好做成随时可以拆卸的隔音板，在门的右下角处做一扇可开启的隔音小门，供日常检修和维护的需要。由于复合彩钢板厚度达到 50mm，两面为薄钢板，中间是聚氨酯泡沫塑料，其隔音量可以达到 30dB（A）以上，且强度和耐腐性均很好；同时，其材料采用的是难燃烧体，耐火极限可达 0.6h，变压器室大门直接朝外，完全符合防火要求。此外，为达到隔音门的密封效果，尽量采用各种隔音手段，如将门与门框之间做成阶梯状，加设橡胶密封条，使门、框之间严密合缝；令可拆卸隔音板之间相互重叠，不出现任何缝隙等措施。

3. 消音处理

变压器因运行产生的噪声会通过很多方式向外传播，门、窗、风道口都是噪声向外环境传播的途径。风道口不能采取门窗处的隔音措施，因室内产生的热量必须通过风道口向外扩散。隔音与通风散热是一对矛盾体，需要很好地协调室内温度升高与隔音对变压器的安全稳定运行带来的影响。如要控制风道口的噪声，且要保证通风散热不受影响，必然要采用消音的方法。

（1）通风量和风速的确定。110kV 变压器室的散热通风量计算见式（4-26）。根据理论计算和工程实践经验，在室内外温度差达 10℃情况下，一台 110kV、容量 50MW 的变压器散热通风量约需 80000m³/h。

变压器的室内若采取自然通风，其风速不大，只有 3m/s 左右；若采取机械通风，其风速大大提高，但风速增大也会导致气流的再生噪声。本案例把从消音器中流过的气流速度控制在 8m/s。根据 110kV 变压器室需要的散热通风量与风道口的气流速度，可以计算出有效通风面积。

（2）消音方案的确定。作为 110kV 变电站，一般在变压器室下部设置进风道口，其通风面积约 10m²。在进风道口安装阻抗复合折板式进风消音器进行消音处理。在变压器室上部设置出风道口，室外侧连接安装低噪声轴流通风机，并将通风机置在消音室内，通风机的进风侧加装钢板格，以防止小零件等掉入变压器室。在通常情况下通风机的进风道口通风面积不小于 5.2m²，喉部的通风面积也不小于 3.0m²，出风道口的通风面积不小于 6.0m²。在通风机的出风道口采用消音处理措施。通风机可以采用手控、自动温控两种方式。自动温控在变压器室内留有信号，并具备远程控制的接口，通风系统还能提供与消防系统实现闭锁的功能。

4. 应用效果

通过对该站的噪声源及传播途径的分析，将消音、吸声、隔音等声学原理综合运用到主变压器室噪声治理中。该项目实施后有以下检测结果：该变电站周围包括商业楼在内的 12 个监测点测试的数据均满足国家相关标准要求，其中，一般点处的昼、夜间噪声分别为 47.3～59.6dB 和 38.9～48.9dB，均满足《工业企业厂界环境噪声排放标准》（GB 12348—2008）2 类标准要求；该通风降噪方案可在公司变电站中实施采用。

6.1.2 案例分析

1. 户内变电站的特点

全户内变电站的主变压器宜选用低损耗、低噪声、散热器分体安装的自冷型变压器，所有设备均布置在户内。

由于大多数户内变电站可以直接用 35kV 和 10kV 向用户供电，其大多邻近办公室及住宅区布置，有的甚至坐落于住宅区内。当室内变电站邻近住宅区布置时，变电站的一侧或多侧将朝向居民楼，与居民楼的距离较近。该案例中，变电站靠近该市商业地区，北侧为道路，其余三侧均为商业楼，变电站外墙距最近楼层的间距仅 15m。

大多数户内变电站一般为 1～2 层建筑物，主要由以下几部分组成：①主变压器室（变压器室，单层建筑），外墙面上设有变压器进出的大门，墙体的下部设有用于通风散热的百页窗，墙上还设有采光窗等，有的变电站主变压器室的墙体上还设有排风机，或者在主变压器室的上方设有用于通风散热的气楼；②断路器、隔离开关等线路设备用房；③控制室、继电保护室、通信设备室等；④电抗器室，有的变电站设有电抗器安装于电抗器室内，与变压器配套，有些则没有电抗器。

2. 户内变电站噪声

大多数户内变电站的主要噪声源为变压器本体噪声和冷却装置噪声，室内变电站通风散热用的风机也可能产生较大的噪声，其大小取决于风机的风量、加工质量等因素。在本案例中，变压器为最大的噪声源。

变压器噪声向室外传播有两个传播途径：一是通过空气传播即空气噪声，包括门、采光窗、百页窗等传播途径；二是通过固体的传播即固体噪声，通过变压器底座、基础、地面、土壤向外传播。变压器安装在主变压器室内，其在运行过程中会产生一定的热量，需要进行通风散热，一般主变压器室都设计有大面积的通风散热通道。室外冷空气从主变压器室墙体下部的进风百页窗进入主变压器室，热空气从上部排风百页窗或排风机排至室外，如果有气楼，热空气将从气楼的排风百页窗排至室外。变压器的噪声将主要通过下部的进风百页窗和上部的排风百页窗向外传播，也会透过隔声量较小的门向外传播，尤其是朝向室外的设备进出大门。主变压器室的墙体和屋顶为土建结构，隔声量较大，透射声忽略不计。本案例中，变电站地下一层为主变压器室，三个主变压器室的门洞、屋顶排风阁楼进排风口及轮轴风机口为主要噪声传播途径，即通过空气向外传播。

3. 户内变电站噪声控制

（1）选用低噪声型变压器。选用低噪声型变压器是从声源着手对变电站噪声进行控制，是一项重要而有效的技术措施，尤其是对于户内变电站。使用部门在设计选型和订货时，应该对变压器的噪声级做出明确要求。在安装时，可采用橡胶隔振器或橡胶隔振垫隔振处理。对于布置在居民住宅楼内的室内变电站，其变压器必须采取良好隔振措施。

（2）主变压器室的吸声处理。户内室内变电站主变压器室体积一般不大，而变压器的体型较大，主变压器室的四侧墙面距变压器的外壳较近，变压器的噪声将经墙面、地面、变压器外壳等不断反射产生较强的混响噪声。主变压器室的吸声降噪是户内变电站噪声控制的关键措施之一。主变压器室的吸声处理一般是在主变压器室的 4 个墙面和天花上安装一定面积的吸声结构，但是一般主变压器室内一定高度处都有变压器的进出线，所以从安全的角度考虑，主变压器室的吸声结构一般安装于墙面上。从室内吸声面积与降噪效果之间的关系考虑，在主变压器室的墙面上安装吸声结构，其吸声面积基本可以达到有效降低主变压器室内混响噪声的效果。有些主变压器室顶部设有气楼，顶部也无法安装吸声结构。由于变压器的噪声呈低频特性，因此主变压器室在进行吸声处理设计时应选择低频吸声性能好的吸声材料或结构。例如对于 110kV 变电站来说，吸声材料或结构在 100Hz 和 200Hz 处的吸声系数应较高，以确保吸声处理可以达到良好的降噪效果。在主变压器室内安装吸声结构需注意两个问题：一是常用的吸声材料为离心玻璃棉板或岩棉等多孔吸声材料，因其具有较强的蓄热作用，不利于主变压器室的散热及温控；二是吸声结构常用的护面板为铝板或钢板等金属材料作为吸声结构的护面板，因其具有导电性，供电部门的技术人员从安全运行的角度对此提出了质疑。从吸声降噪的原理看，主变压器室内的四个墙面采取吸声处理，可取得 5dB（A）左右的降噪效果。

本案例中，变电站采用了微穿孔板作为吸声结构：先将轻钢龙骨固定在主变压器室内四周墙面上，吸声板为玻璃棉用玻璃纤维布包好，放置在龙骨之间，护面板采用铝合金穿孔板，室内吸声面积控制在主变压器室内总面积的 60％左右。可以看出该变电站没有考虑玻璃棉的蓄热影响，也没有考虑铝板的导电问题。

（3）主变压器室进排风装置的消声处理。进排风的百页窗是主变压器室内变压器噪声向外传播的主要途径，常规的百页窗只能起到进排风和防雨的作用，基本没有隔声消声作用。设计中可用通风消声窗来替代常规的百页窗，既可以起到进排风的作用，也可降低室内噪声向外传播的强度。通风消声窗的消声量可根据具体的降噪要求确定，一般可设计为 10～15dB（A）。有些主变压器室采用机械排风，安装有排风机，主变压器室内的噪声将通过风机向外传播，同时风机本身也是一个噪声源，设计中可在排风机的排风管路上安装排风消声器，或在排风机的出风口安装消声弯头。消声器或消声弯头的消声量可根据具体的降噪要求确定，由于消声量与压头损失是一对矛盾关系，设计时应合理确定消声量。在本案例中，结合具体情况，改变了在变压器室下部设置进风道口，在进风道口安装阻抗复合折板式进风消音器进行消音处理的方式，而是在变压器室上部设置出风道口，室外侧连接安装低噪声轴流通风机，并将通风机置在消音室内，通风机的进风侧加装钢板格，以防止小零件等掉入变压器室。

（4）主变压器室的隔声处理。主变压器室的主体一般采用土建结构，其隔声量较大，但是主变压器室的门及采光窗是隔声的薄弱环节，设计中应将其设计为隔声门窗，隔声量可设计为 25dB 以上，也可以把进出设备的大门用砖砌封，隔声效果更好。在主变压器需更换时再敲开门洞，因为主变压器的更换毕竟少，这种方法在一些场合也不失是一种降噪措施。本案例中，变电站变压器室的大门采用可拆卸式复合彩钢板，设计把隔声门做成随时可以拆卸的隔声板，在门的右下角处做一扇可开启的隔声小门，供日常检修和维护用。

经监测结果可知，经上述降噪措施，该变电站达到噪声标准。

6.2 半户内变电站噪声控制设计典型案例

6.2.1 案例介绍

6.2.1.1 项目概况

某 110kV 变电站位于某小区旁，西北侧与该小区共用围墙，东南侧与居民小区共用围墙。本站仅主变压器为户外布置，变压器西侧是下部为普通钢板门、上部为墙体，另外 3 边是高约 8m 砖墙，没有屋顶，与居民区侧的围墙之间距离约 40m。目前站内已投运 3 台主变压器，主变压器参数见表 6-1。

该 110kV 变电站建于 1997 年，旁边小区均是近几年才建成。变电站周围现状如图 6-1～图 6-4 所示，平面布置见图 6-5。

图 6-1 变电站入口（左侧围墙外为
居民小区、右侧为变电站）

注 主变压器距离西北侧围墙约 10m，
西北侧居民楼距离围墙约 8m。

图 6-2 变电站西北侧环境现状
（居民楼距离围墙约 8m）

图 6-3 主变压器隔声墙（外部）

图 6-4 主变压器隔声墙（内部）

注 1. 主变压器外墙下部钢板门、上部实体墙，总高 6m。
　　2. 主变压器内墙体下部作拉毛处理、上部后期加高改造、底部有通风百页窗。

表 6-1   某 110kV 变电站主变压器情况

主变压器编号	型号	出厂日期	投运日期	额定电压（kV）	额定频率（Hz）	额定容量（MVA）
1 号	SZ 9—50000/110	1996.11	1997.06	110	50	50
2 号	SZ 9—50000/110	1996.11	1997.06	110	50	50
3 号	SZ 10—50000/110	2008.10	2009	110	50	50

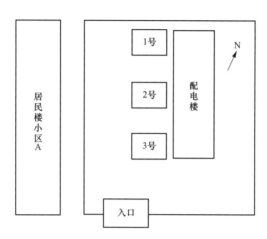

图 6-5 某 110kV 变电站平面布置示意图

6.2.1.2 噪声超标情况

该 110kV 变电站通过前期加高主变压器周围墙体且下部采用拉毛处理，取得一定成效。变电站厂界噪声达标，低层住户未有投诉。但由于变电站位置相较小区低，噪声向上传播过程中无任何遮挡物屏蔽，噪声比较明显，衰减比较慢。在北侧小区高层（如 33 层住户）夜间超标投诉。因此，对变电站厂界及投诉点进行噪声监测，共布设了 3 个测点，其中 P1、P2 布设于居民区楼下，P3 布设于 33 层住户内，监测点布置如图 6-6 所示。

监测结果见表 6-2。

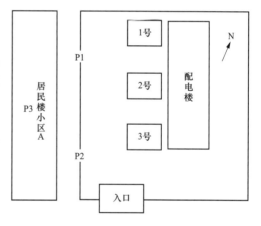

图 6-6 噪声监测点布置图

表 6-2   该 110kV 变电监测噪声监测结果表

监测点	噪声值〔dB(A)〕	备注
P1	49.8	—
P2	49.7	—
P3	53.0	投诉点

经监测确有噪声超标现象〔夜间 53dB(A)〕，根据《声环境质量标准》（GB 3096—2008）2 类声环境功能区以及《工业企业厂界环境噪声排放标准》（GB 12348—2008）2 类标准〔昼间≤60dB(A)、夜间≤50dB(A)〕的要求，噪声超标量约 3dB(A)。因此，其环境敏感点目标降噪量约 3dB(A)。

6.2.1.3 项目可选的技术方案

1. 方案一：自然通风方案

（1）针对 3 台变压器分别制作安装隔声房，整体设计隔声量为 20dB。隔声房在利用原防火墙的基础上在顶部增加 1m 高墙体及屋面封顶，总高设计为 13.5m。

（2）隔声房由独立基础、钢结构、吸隔声模块板及原有防火墙结构构成。

（3）隔声房配置隔声门、进气通风百页窗，强制排风消声器。

（4）隔声房对变压器进行整体封闭，墙体采用吸隔声模块板制作，吸隔声模块设计隔声量为 25dB，室内吸声降噪量为 0.85。

（5）将原铁门更换为专业隔声门，隔声门上安装通风消声百页窗，隔声门外形尺寸为宽×高＝6000mm×5700mm，设计隔声量为 20dB。

（6）隔声房背向门后面安装通风消声百页，消声百页设计消声量为 18dB。

（7）隔声屋顶上安装自然通风矩阵式消声柱，排风消声柱设计消声量为 10dB。

各方位示意图如图 6-7～图 6-14 所示。

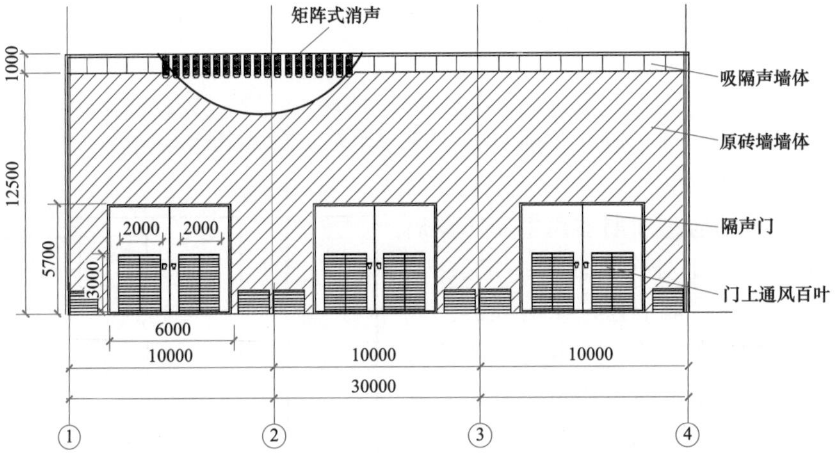

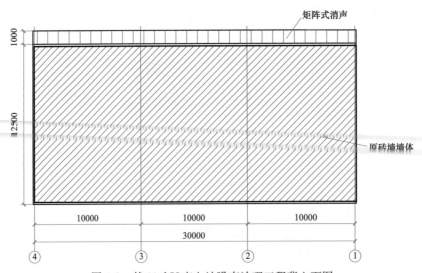

图 6-7 某 110kV 变电站噪声治理工程正立面图

图 6-8 某 110kV 变电站噪声治理工程背立面图

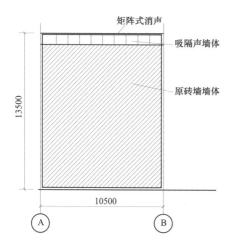

图 6-9　某 110kV 变电站噪声治理工程侧立面图

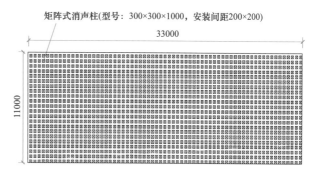

图 6-10　某 110kV 变电站噪声治理工程俯视图

图 6-11　某 110kV 变电站噪声治理工程正面效果图

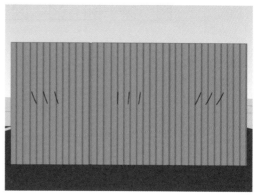

图 6-12　某 110kV 变电站噪声治理工程背面效果图

图 6-13　某 110kV 变电站噪声治理工程轴测效果图

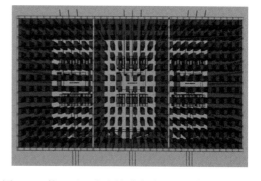

图 6-14　某 110kV 变电站噪声治理工程俯视效果图

本方案中，噪声治理工程整体降噪量 10dB(A)，而目标降噪声量约为 3dB(A)，考虑了充分的设计裕度，可达到预期目标。同时，屋顶消声柱有效通风面积约为 2/3，隔声门底部消声百页面积为 144m²，可保证主变压器室内通风。

2. 方案二；强制排风方案

（1）3 套变压器分别制作安装隔声房，整体设计隔声量＝20dB。隔声房在利用原防火墙

119

的基础上在顶部增加 1m 高墙体及屋面封顶，总高设计为 13.5m。

（2）隔声房由独立基础、钢结构、吸隔声模块板及原有防火墙结构构成。

（3）隔声房配置隔声门、进气通风百页、强制排风消声器。

（4）隔声房对变压器进行整体封闭，墙体采用吸隔声模块板制作，吸隔声模块设计隔声量为 25dB，室内吸声降噪量为 0.85。

（5）将原铁门更换为专业隔声门，隔声门上安装通风消声百页，隔声门外形尺寸为宽×高＝8000mm×6000mm，设计隔声量为 20dB。

（6）隔声房背向门后面安装通风消声百页，设计消声量为 18dB。

（7）隔声屋顶上安装强制排风消声器，设计消声量为 20dB，风机风量为 24000m³/h，消声器出风口背离居民区方向。

各方位示意图如图 6-15～图 6-20 所示。

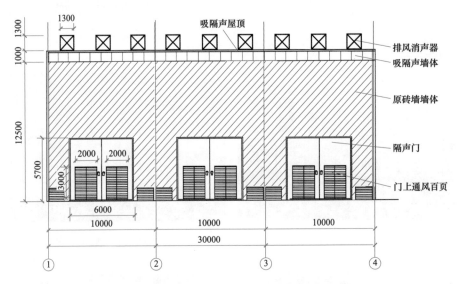

图 6-15　某 110kV 变电站噪声治理工程正立面图

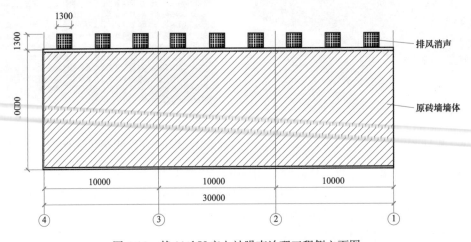

图 6-16　某 110kV 变电站噪声治理工程侧立面图

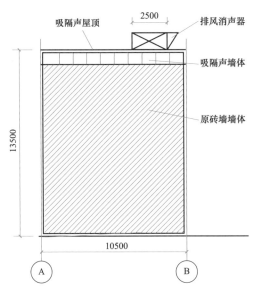

图 6-17 某 110kV 变电站噪声治理工程侧立面图

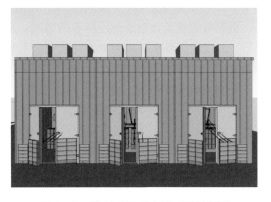

图 6-18 某 110kV 变电站正面效果图

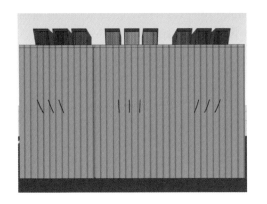

图 6-19 某 110kV 变电站背面效果图

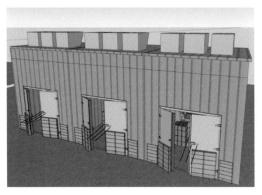

图 6-20 某 110kV 变电站轴测效果图

6.2.1.4 通风设计

1. 余热量计算

主变压器余热量计算使用式（6-3）：

$$Q = P_{ul} + P_{lo} \tag{6-3}$$

式中：Q 为主变压器的余热量（kW）；P_{ul} 为主变压器的空载功率损耗（kW）；P_{lo} 为主变压器的负载功率损耗，也称短路损耗（kW）。

根据主变压器参数，某 110kV 变电站主变压器余热量见表 6-3。

表 6-3   某变电站主变压器余热量

主变压器编号	空载功率损耗（kW）	负载功率损耗（kW）	余热量（kW）
1 号	32.6	175.1	207.7
2 号	33.3	174.5	207.8
3 号	30.8	171.9	202.7

2. 通风计算

按照热平衡方程，隔声罩内进气的理论质量流量可用式（4-27）计算。

隔声罩进气的理论体积流量公式为：

$$Q_{th} = K \times V \qquad\qquad (6\text{-}4)$$

式中：K 为富裕量系数，一般取 1.1～1.3；V 为所需通风量。

根据有关规范，对于变压器室的通风，夏季的排风温度不超过 45℃，进排风温度差不超过 15℃。武汉地区夏季通风的室外计取安全系数 1.2，经计算，其通风换气量约为 53000m³/h。

3. 进气消声百页选取

根据现场实际情况，进气消声百页有效消声长度不宜取太长，取 0.6m，消声量≥15dB 算温度为 32℃，取进排风温度差为 13℃，同时主变压器的散热量最大为 207.8kJ/s。进气百页进气量计算如下：

主变压器室进气百页尺寸：3000×2000mm，2 个，1500×1500mm，2 个，取进风风速 2.5m/s。

消声百页进气量：经计算约为 66825m³/h＞53000m³/h，满足设计要求。

4. 屋顶排气风机选取

为满足噪声达标，屋顶排风机应选用低噪声风机，噪声值≤70dB，但是根据实际所需风量 57000m³/h，单台变压器室设置 3 套排气消声系统，风机风量选择 24000m³/h。这样高风量的风机无法保证低噪声，需要在风机外部安装排风消声器，消声器设计消声量为 20dB(A)。

不同的排气风机配置相应排风消声器，消声器的型式根据具体风机型式进行确定。基本有 2 种风机及消声器的布置型式，如图 6-21 和图 6-22 所示。

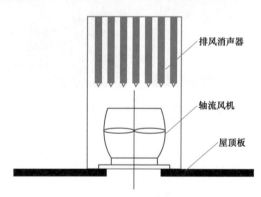

图 6-21　屋顶风机及配套消声器布置型式

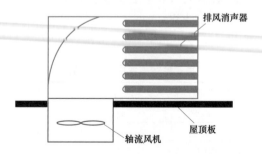

图 6-22　轴流风机及配套消声器布置型式

在变压器隔声间屋顶安装强制排风消声器，如图 6-23 所示，强制排风消声器由轴流风机、阻性消声器组成，满足强制排风的同时保证噪声不传至室外。

图 6-23　隔声房屋顶排风消声器

6.2.1.5　技术方案比选

两种方案对比见表 6-4。

表 6-4　　　　　　　　　两 种 方 案 对 比 表

对比项目	方案一：自然通风	方案二：强制排风
降噪效果	设计降噪量 10dB(A)，可达到预期效果	对主变压器低频噪声降噪控制较好，但在一定程度上存在强排风机噪声较大或故障时噪声超标的风险
通风效果	自然通风	通风风机强制排风
运行能耗	自然通风、节能明显	强制排风需持续耗能
投资成本估算	118.85 万元	略低（较方案一）
视觉观感	更好（较方案二）	略差（较方案一）

对比分析可知，从噪声治理效果、运行能耗及城市观感等方面看，方案一比方案二优，噪声治理效果更具优势。本案例将方案一作为推荐方案。

6.2.1.6　推荐技术方案的设备分析

1. 专业隔声门

针对本项目，将采用非标制作的隔声门，如图 6-24 所示。隔声门主要由门框与门板构成，门框采用型钢及优质冷轧钢板，冷加工处理成型。门板由型钢框架，吸隔声模块板构成，具有防火、隔声性能，是一种使用性能稳定，精工制作而成的钢质门。所有材料均为 A 级不燃材料。

隔声门敞开空间满足用户使用要求。隔声门大小和隔声性能可按隔声等级要求、安

图 6-24　变压器隔声门案例图（长×宽＝10000×5000）

123

装空间选定。隔声门结构合理，整体性好，强度高，施工方便，具有表面平整美观、开启灵活、坚固耐用等优点。

针对本项目，由于变电站没有单独进风位置，将在门板上安装通风消声百页，通过门板进行进风。

2. 通风消声百页（进风消声器）

进风消声器采用特制通风消声百页。其主要特点为结构紧凑、通风面积大、造型美观大方。通风消声百页见图 6-25。

通风消声百页具有以下特点：

1）消声百页为 580mm 厚消声百页，所有钢板均为镀锌钢板，且在设计安装时不用焊接工艺，不损坏镀锌层，防腐性能优异。

2）通风消声器内部吸声体全部做防水处理。

3）通风面积大、效果好、压力损失小，满足大通风量的使用要求。

4）在满足通风量的同时消声量大于 18dB(A)，满足消声要求。

3. 矩阵式消声柱

在变压器室顶部安装矩阵式消声柱，消声柱截面尺寸为 300mm × 300mm，长度为 1000mm，消声柱进风端头安装导流头。消声柱由于其通风面积大，消声面积大，可广泛用于需要大风量的场合。

由于本项目计划采用自然通排风，排风口的通风净流通面积约为原面积的 2/3。加之在门位置安装了进风消声百页，能够形成风的对流，因此能综合平衡散热与降噪之间的关系。矩阵式消声柱见图 6-26。

图 6-25　通风消声百页案例　　　　　图 6-26　矩阵式消声柱

阻性片式消声器的声衰减理论计算见式（6-5）：

$$L_R = \varphi(\alpha_0) \frac{P}{S} \cdot l \tag{6-5}$$

式中：P 为消声器气流通道断面周长（m）；S 为消声器的气流通道截面积（m²）；L 为消声器的有效长度（m）；$\varphi(\alpha_0)$ 为与材料的吸声系数有关的消声系数。

以该站变压器为计算标准：

$$L_R = \varphi(\alpha_0) \frac{P}{S} \cdot l$$

其中：

$$P = 1452 \times 0.3 \times 4 = 1742 (\text{m})$$
$$S = 33 \times 11 - 1452 \times 0.3 \times 0.3 = 233 (\text{m}^2)$$
$$l = 1 (\text{m})$$
$$\varphi(a_0) = 1.35$$
$$L_R = 10 [\text{dB(A)}]$$

4. 吸隔声墙板

吸隔声板有如下特点：

1）吸隔声模块板由光面板（屋顶为带瓦楞板）、吸声材料及镀锌穿孔板组成。

2）模块化生产，现场直接安装。

3）根据变压器的低频噪声特性，有针对性的选择低频吸声材料。

4）吸声性能好，降噪系数为 0.85。

5）隔声性能好，隔声量大于 25dB。

隔声板材料说明见图 6-27。

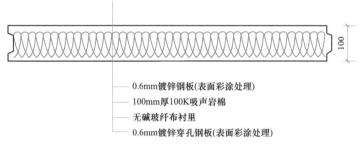

图 6-27　隔声板材料

6.2.1.7　工程造价

该工程包括电气一次、电气二次和土建工程。

电气一次：本期更换 1、2 号主变压器 220kV 侧中性点成套装置 2 套，1、2 号主变压器 110kV 侧中性点成套装置 2 套；更换 220kV 电流互感器 12 台，220kV 主变压器侧及母线避雷器 12 台，220kV 母线隔离开关 2 组，220kV 母线电压互感器 3 台，更换所有 220kV 母线耐张绝缘子串；更换 110kV 旁路隔离开关 4 组，110kV 主变压器侧及母线避雷器 6 台，110kV 母线电压互感器 1 台；更换 1、2 号主变压器低压侧 6kV 分支串联电抗器 6 台，6kV 电抗器隔离开关 2 组，6kV 电抗器电流互感器 6 台，6kV 出线隔离开关 6 组、6kV 站用变压器 1 台。

电气二次：配置变电站一体化监控系统 1 套，220kV 第一套母线保护、110kV 母线保护 1 套；110kV 母联保护 1 套、110kV 故障录波装置 1 套，公用测控装置 3 台；主变压器测控装置 8 台、220kV 线路测控装置 4 台、220kV 母线旁路测控装置 1 台；更换 110kV 线路测控装置 8 台、110kV 旁路测控装置 1 台、110kV 母联测控装置 1 台。

土建：新建 220kV 电流互感器支架及基础 4 组，220kV 电压互感器支架及基础 1 组，220kV 1、2 号主变压器侧中性点成套装置支架及基础共 2 组，新建 220kV 避雷器支架及基础 4 组，220kV 隔离开关支架及基础 2 组。新建 110kV 旁路隔离开关支架及基础 4 组，110kV 中性点成套装置支架及基础 2 组，110kV 主变压器侧及母线避雷器支架及基础 2 组，110kV

母线电压互感器支架及基础 1 组。

其变电站部分改造建筑工程估算表见表 6-5。

表 6-5					变电站技术改造建筑工程估算表					元
编制依据	项目名称	单位	数量	主要材料单价	建筑单价		主要材料合价	建筑合价		
					定额基价	其中人工		费用金额	其中人工	
—	建筑工程	—	—	—	—	—	—	856710	137854	20131
—	主变压器及配电装置建筑	—	—	—	—	—	—	856710	137854	20131
—	主变压器系统	—	—	—	—	—	—	856710	137854	20131
—	吸隔声墙体等	—	—	—	—	—	—	856710	137854	20131
GJ5-1	吸隔声墙体	m²	90.00	—	129.27	35.88	—	11634	3229	
GJ6-6	排气消声柱	根	1260.00	—	8.37	3.78	—	10546	4763	
GJ6-9	钢制隔声门	m²	108.00	—	16.95	14.09	—	1831	1522	
GJ8-5	钢结构	t	8.24	—	3379.98	1207.93	—	27851	9953	
GJ8-9	钢结构、刷加强防腐漆	t	8.24	—	443.39	80.53	—	3654	664	
—	其他材料						38483			
自定义主材	吸隔声墙体	m²	90.00	400.00	—	—	36000			
自定义主材	钢制隔声门	m²	108.00	2500.00	—	—	270000			
自定义主材	排气消声柱	根	1260.00	400.00	—	—	504000			
—	主材费小计：						848483			
—	总计：					—	848483	55516	20131	

6.2.1.8 成效

经过实施方案一的隔声降噪措施，降噪量约 10dB(A)，达到了相应的噪声标准，且本工程静态投资为 118.85 万元，符合经济可行性。

6.2.2 案例分析

案例中采用的是主变压器露天布置的形式，属于半户外变电站。半户外变电站是指主变压器采用露天布置，而其他设备均布置在户内的一种变电站。该种变电站内各种设备布置得相对紧凑，可减少一部分占地面积；但由于主变压器位于户外，距离变电站围墙距离相对较小，导致噪声衰减距离不足，且常建于居民小区周边，引起居民投诉。主变压器其他三面有站内其他建筑物或防火墙的阻挡，因最容易超标的位置是主变压器面向围墙面一侧。

本案例中，110kV 变电站位于某小区旁，西北侧与该小区共用围墙，东南侧与居民小区共用围墙。本站仅主变压器为户外布置，变压器西侧是下部为普通钢板门、上部为墙体，另外 3 边是高约 8m 砖墙，没有屋顶，与居民区侧的围墙之间距离约为 40m，是典型的半户外变电站。因变电站周围新建小区加之地势较低使噪声衰减距离不够而超标。经检测发现，该变电站夜间超标约 3dB(A)，主要噪声源为 3 台主变压器。为保留充足的裕度，设计的整体降噪目标为 10dB(A)，由此设计了两套降噪方案，即自然通风方案和强制排风方案。最终通过比选确定了自然通风方案，具体如下：

（1）由于居民区离得太近，且因地势低于居民区，造成变压器噪声向高层居民楼传播，所以选择隔声间作为主要的隔声方式。针对 3 台变压器分别制作安装隔声房，整体设计隔声量为 20dB。隔声房在利用原防火墙的基础上在顶部增加 1m 高墙体及屋面封顶，总高设计为 13.5m。

（2）隔声房由独立基础、钢结构、吸隔声模块板及原有防火墙结构构成。

（3）隔声房配置隔声门、进气通风百页、强制排风消声器。

（4）隔声房对变压器进行整体封闭，墙体不同于普通墙板，而是采用吸隔声模块板制作，吸隔声板对比于普通墙板有如下特点：

1）吸隔声模块板由光面板（屋顶为带瓦楞板）、吸声材料及镀锌穿孔板组成。

2）模块化生产，现场直接安装。

3）根据变压器的低频噪声特性，有针对性地选择低频吸声材料。

4）吸声性能好，降噪系数为 0.85。

5）隔声性能好，隔声量大于 25dB。

（5）将原铁门更换为专业隔声门，门板由型钢框架、吸隔声模块板构成，具有防火、隔声性能，是一种性能稳定、精工制作而成的钢质门。所有材料均为 A 级不燃材料。由于变电站没有单独进风位置，所以隔声门上安装进风消声百页，隔声门外形尺寸为宽×高＝8000mm×6000mm，设计隔声量为 20dB。

（6）隔声房背向门后面安装通风消声百页，设计消声量为 18dB。

（7）隔声屋顶上安装自然通风矩阵式消声柱。消声柱由于其通风面积大，消声面积大，可广泛用于需要大风量的场合。本案例中，在变压器室顶部安装矩阵式消声柱，消声柱截面尺寸为 300mm×300mm，长度为 1000mm，消声柱进风端头安装导流头，排风消声柱设计消声量为 10dB。

经可行性分析，通过上述一系列降噪措施，可使该变电站噪声达标，并且符合经济可行性。

在该种类型的变电站中，首先应该检测变电站的噪声情况，得出超标值并找出超标原因，在设计降噪目标时应留有充分的裕度。结合变电站周围实际情况选择合适的主体隔声方式，再选择相应的消声设计和吸声设计。

6.3 户外变电站噪声控制设计典型案例

6.3.1 案例介绍

6.3.1.1 项目概况

某 500kV 变电站建成于 2009 年，变电站占地面积 $2.86×104m^2$，现有 500kV 出线 9 回，其中某 3 回线路各装有 1 组 120Mvar 线路高压电抗器，现考虑扩建。

本次扩建变电站建设内容为：本期扩建 500kV 出线间隔 1 个，并装设 1 组 120Mvar 高压电抗器。

该 500kV 变电站现场情况如图 6-28 所示。

1. 噪声治理必要性

2015 年 1 月 1 日颁布施行的《中华人民共和国环境保护法》第四十二条规定：排放污染物的企事业单位和其他生产经营者，应当采取措施，防治在生产建设或者其他活动中产生的废气、废水、废渣、医疗废物、粉尘、恶臭气体、放射性物质以及噪声、振动、光辐射、电磁辐射等对环境的污染和危害。

根据《建设项目环境保护管理条例》"改建、扩建和技术改造项目必须采取措施，治理与该项目有关的原有环境污染和生态破坏"。根据湖北省电力公司科信部督办工作单的要求，需要在本次扩建工程中实施噪声治理工程。

(a)站内情况

(b)变电站大门

(c)变电站内现有高压电抗器

(d)变电站扩建高压电抗器位置

图 6-28　变电站周边及站内情况

2. 声环境监测情况

根据环评单位 2017 年 8 月 3～5 日监测情况，2017 年 7 月 21 日监测情况。

500kV 变电站南侧、西侧及北侧厂界昼间噪声监测值为 43.2～48.6dB(A)，夜间噪声监测值为 39.0～45.0dB(A)，满足《工业企业厂界环境噪声排放标准》(GB 12348—2008) 中 2 类标准要求；东侧厂界昼间噪声监测值为 45.2～56.0dB(A)，满足《工业企业厂界环境噪声排放标准》(GB 12348—2008) 中 2 类标准要求，夜间噪声监测值为 44.6～56.5dB(A)，夜间噪声存在超标现象，超标 6.5～7dB(A)；变电站周围敏感点监测点昼间噪声监测值为 32.1～50.5dB(A)，夜间噪声监测值为 31.6～42.1dB(A)，均满足《声环境质量标准》(GB 3096—2008) 中 1 类区标准要求。

3. 治理目标及设计原则

达到业主方提出的治理目标及具体要求，厂界噪声满足《工业企业厂界环境噪声排放标准》(GB 12348—2008) 中的 2 类限值要求 [昼间 60dB(A)、夜间 50dB(A)]；居民敏感点满足《声环境质量标准》(GB 3096—2008) 1 类标准 [昼间 55dB(A)、夜间 45dB(A)]。

设计原则：国家、电力行业及国家电网有限公司有关 500kV 变电站设计最新版本的标准、规程、规范及国家有关安全、环保等强制性标准。

设计方案采用新技术、新工艺、新材料、新设计，做到有所创新，推行限额设计，控制工程造价。

4. 设计范围和规模

(1) 设计范围：本工程在 500kV××变电站超标厂界处设置隔声屏障，设计范围包括基础施工、钢构与隔声屏障的施工与安装等。

(2) 设计规模：对变电站东侧围墙外进行降噪设计，东侧围墙长 150m。

6.3.1.2 声源分析与现场测试结果

1. 变电站扩建情况

变电站内原有 3 组 120Mvar 高压电抗器，并装设一组 120Mvar 高压电抗器。具体扩建情况见图 6-29。

2. 声源噪声组成

500kV 变电站内主要噪声源为高压电抗器噪声。高压电抗器噪声是由于铁芯、绕组、油箱及冷却装置的振动产生的，即由于本体的振动和冷却装置风扇的空气流动产生的。

本体噪声产生的主要原因有硅钢片磁致伸缩引起的铁芯振动、硅钢片接缝处和叠片间漏磁引起的铁芯振动、绕组负载电流漏磁引起的绕组振动等。冷却装置的噪声主要是潜油泵和冷却风扇运行时产生的。

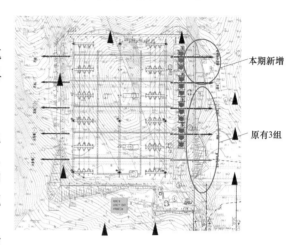

图 6-29 变电站平面布置

3. 声源特性分析

高压电抗器噪声以铁芯噪声为主，由于磁致伸缩的变化周期恰恰是电源频率的半个周期，所以磁致伸缩引起的高压电抗器的本体振动噪声是以 2 倍的电源频率为基频的。由于铁芯磁致伸缩特性的非线性、多级铁芯中芯柱和铁轭相应级的截面不同，以及沿铁芯内框和外框的磁通路径不同等，均使得磁通明显地偏离了正弦波，即有高次谐波的磁通分量存在。这样就使得铁芯的振动频谱中除了有基频振动以外，还包含有基频整数倍的高频成分。

高压电抗器噪声频谱见图 6-30。

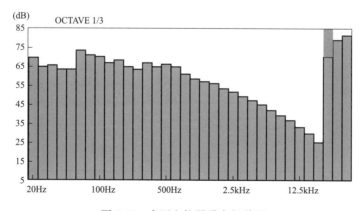

图 6-30 高压电抗器噪声频谱图

从图 6-30 可以看出，高压电抗器噪声主要集中在低频段。

（1）声环境监测因子：等效连续 A 声级。

（2）监测点位：对变电站围墙外及周围的环境敏感点均进行了现状监测，变电站四周围墙外均布设 3 个测点。变电站东侧、南侧和北侧环境敏感点均进行了监测，监测点高 1.2m。本次声环境现状监测对居住建筑物进行了监测，敏感建筑物监测布点原则为在满足监测条件的前提下从线路方向尽量靠近敏感建筑物。

（3）监测频次：每个测点昼、夜各监测 1 次。

（4）监测方法及仪器：《声环境质量标准》（GB 3096—2008）、《工业企业厂界环境噪声排放标准》（GB 12348—2008）。

监测仪器情况见表 6-6。

表 6-6　　　　　　　　　监测所用仪器名称、型号以及检定情况

设备名称	设备型号	测量范围	有效日期
声级计	AWA6228	A 声级 30～130dB（A）	2017.06.06～2018.06.05

声环境现状监测结果见表 6-7。

表 6-7　　　　　　　　　　声环境现状监测结果　　　　　　　　　　dB（A）

编号	测点位置		昼间	夜间	执行标准
	500kV 变电站				
1	变电站东侧厂界	测点 1	45.2	44.6	昼间：60dB（A）夜间：50dB（A）
2		测点 2	55.3	55.4	
3		测点 3	56.0	56.5	
4	变电站北侧厂界	测点 1	47.6	42.5	
5		测点 2	45.6	39.0	
6		测点 3	43.3	41.2	
7	变电站西侧厂界	测点 1	43.9	42.0	
8		测点 2	44.5	42.9	
9		测点 3	47.6	44.5	
10	变电站南侧厂界	测点 1	48.6	44.4	
11		测点 2	48.1	45.0	
12		测点 3	48.4	44.1	
13		测点 4	43.2	41.6	
14	周围村庄	某村 1 组测点 1	40.8	39.2	昼间：55dB（A）夜间：45dB（A）
15		某村 1 组测点 2	41.8	40.7	
16		某村 2 组测点 1	50.5	42.1	

高压电抗器声源现状监测结果见表 6-8。

表 6-8　　　　　　　　　　高压电抗器声源噪声

线路名称	电抗器	东侧	南侧	西侧	北侧
500kV 一回	电抗器 A 相	74.9	74.3	72.6	73.5
	电抗器 A 相	73.5	74.3	72.2	76.1
	电抗器 A 相	74.4	74.6	71.4	72.8

续表

线路名称	电抗器	东侧	南侧	西侧	北侧
500kV 二回	电抗器 A 相	75.1	76.0	74.3	76.5
	电抗器 A 相	75.4	75.2	74.7	75.8
	电抗器 A 相	73.0	73.1	71.3	72.2
500kV 三回	电抗器 A 相	72.1	74.7	71.8	70.3
	电抗器 A 相	75.1	75.9	71.7	71.4
	电抗器 A 相	71.7	75.8	74.5	72.8

监测结果表明 500kV 该变电站南侧、西侧及北侧厂界昼间噪声满足《工业企业厂界环境噪声排放标准》（GB 12348—2008）中 2 类标准要求；东侧厂界昼间噪声满足《工业企业厂界环境噪声排放标准》（GB 12348—2008）中 2 类标准要求，夜间噪声存在超标现象，超标6.5dB(A)；变电站周围敏感点噪声均满足《声环境质量标准》（GB 3096—2008）中 1 类区标准要求。

6.3.1.3 技术方案比选

1. 技术方法

依据变电站超标情况，采用隔声、消声措施进行处理，方案情况如下。

（1）隔声。对露天和半露天布置的噪声源设置必要的建筑隔声维护结构，对隔声量不能有效匹配的围护结构从声学角度予以必要的匹配。单层均质墙板在不同频率下的隔声量（dB）一般参照经验公式（6-6）计算：

$$R = 16\lg M + 14\lg f - 29 \tag{6-6}$$

式中：M 为单层均质墙板面密度；f 为频率。

对于 100~3150Hz 的平均隔声量（dB），一般参照经验公式（6-7）和公式（6-8）计算：

$$R = 16\lg M + 8 \quad (M \geqslant 200\text{kg/m}^2) \tag{6-7}$$

$$R = 13.5\lg M + 14 \quad (M < 200\text{kg/m}^2) \tag{6-8}$$

（2）消声。对空气动力性噪声采用消声治理措施，噪声源采取消声治理后，要求既要有适宜的消声量（即声学性能），同时对设备的运行不能有明显的影响（即良好的空气动力性能）。

其中阻性消声器的消声量参照经验公式（6-9）计算：

$$\Delta L = \varphi(a_0) \frac{P}{S} l \tag{6-9}$$

其中

$$\varphi(a_0) = 4.34 \times \frac{1-(1-a_0)^{1/2}}{1+(1-a_0)^{1/2}}$$

式中：$\varphi(a_0)$ 为消声系数；a_0 为正入射吸声系数；P 为消声器通道截面周长（m）；S 为消声器通道截面面积（m）；l 为消声器的有效长度（m）。

2. 具体措施

方案一：隔声屏障

噪声在传播途中，若遇到隔声屏障时会发生反射，于是在障碍物背后的一定距离范围内形成了声影区，声影区范围内噪声会降低。为了保证东侧厂界噪声排放达标，拆除原有东侧围墙，新建围墙，在围墙上设置声屏障（见图 6-31）。新建围墙高 2.3m，隔声屏障高5.7m。设计屏障的板厚不小于 150mm，计权隔声量 R_w 不小于 20dB，且声屏障有可靠的接地系统。

图 6-31 隔声屏障设置示意图

(1) 吸隔声模块介绍。

1) 材料介绍：吸隔声模块采用镀锌钢板辊轧成型制作，里面填充玻璃棉及玻璃纤维薄毡等，具有强度高、隔声量大的特点；是根据一些特殊高隔声要求项目进行定制开发的一种新型吸隔声模块材。

2) 技术要求：吸隔声模块采用复合结构，隔声量 R_w 不小于 20dB，降噪系数 N_{RC} 不小于 0.9，125Hz 吸声系数大于 0.35，并提供第三方声学检测报告。

为保证效果，吸隔声复合板应为整体式，在工厂内制作完成后运至现场安装。

吸隔声模块厚度 100mm，由隔声层、阻尼层、吸声层组成。

吸隔声模块背板采用 1.5mm 镀锌钢板，表面喷涂，喷涂厚度不小于 65μm。

吸隔声模块面板采用 1.2mm 穿孔镀锌钢板/穿孔铝板，表面环氧树脂静电喷涂，喷涂厚度不小于 65μm，颜色由甲方指定；孔径 2mm，穿孔率大于 20%。

吸隔声模块内填 100mm 高效憎水吸声棉板，容重 48kg/m^3。

吸隔声模块制作完成，经检测合格后方可出厂使用。

3) 防火等级：达到国家 A1 级不燃标准。

4) 板型：平板。

(2) 使用领域。主要用于钢结构厂房的墙体、声屏障的不透明吸声模块。

为使 500kV 变电站的东侧厂界噪声达标，拆除现有围墙，在东侧厂界围墙上布置声屏障。

噪声在传播途中，若遇到隔声屏障会发生反射，于是在障碍物背后的一定距离范围内形成了声影区，声影区范围内噪声会降低。为了保证东侧厂界噪声排放达标，在超标围墙内设置隔声屏障。

(3) 噪声预测准确度分析。

1) 预测参数。将高压电抗器设为面声源，声源高度 2m。声源频谱见表 6-9。

表 6-9　　　　　　　　500kV 高压电抗器源强和频谱（A 计权声功率级）

容量（Mvar）	噪声频谱（dB）										合计〔dB(A)〕
	权重	31.5	63	125	250	500	1000	2000	4000	8000	
120	A	38.3	34.4	87.5	85.3	81.1	80.8	73.2	74.0	63.3	82.3
编号	测点位置										昼间

容量（Mvar）	噪声频谱（dB）									合计［dB(A)］
	权重	31.5	63	125	250	500	1000	2000	4000	8000	
500kV 变电站										
1	变电站东侧厂界				测点1						45.2

现有 3 组高压电抗器噪声预测与分析：该部分仅考虑现有 3 组高压电抗器的噪声预测，声源源强以及变电站围墙设置见表 6-10 及图 6-32（为地面 1.2m 噪声预测图）。

表 6-10 现有 3 组高压电抗器运行期噪声预测结果与现状监测值对比

预测项目	厂界贡献值［dB(A)］	现状值［dB(A)］		预测值与现状值的对比
		昼间	夜间	
厂界东侧测点 1	52.1	43.5	41.2	预测值高于现状值
厂界东侧测点 2	56.0	53.5	53.2	预测值略高于现状值
厂界东侧测点 3	56.3	56.6	56.8	现状值与预测值基本一致
厂界北侧测点 1	34.8	46.7	44.2	
厂界北侧测点 2	34.0	42.8	39.5	
厂界西侧测点 1	28.4	38.8	38.9	
厂界西侧测点 2	28.8	38.5	38.2	现状值高于预测值，主要是受背景噪声影响
厂界南侧测点 1	34.3	42.9	40.5	
厂界南侧测点 2	35.0	43.4	41.9	
厂界南侧测点 3	31.3	42.5	39.2	

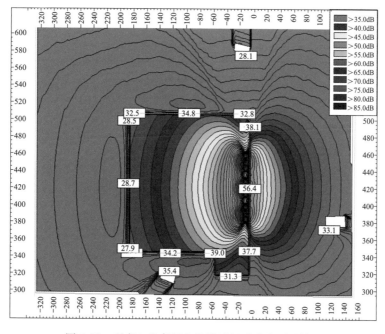

图 6-32 现有 3 组高压电抗器运行时噪声预测结果

由表 6-10 和图 6-32 可知，受高压电抗器主要影响的北侧预测噪声高于现状监测值。东侧、南侧、西侧离高压电抗器较远，主要受背景噪声影响。根据预测值和现状监测值的对比分析可知，项目噪声预测是可靠的。

2）拆除现有围墙，在围墙上设置声屏障方案。在现有 3 组高压电抗器噪声影响基础上扩建 1 组高压电抗器，噪声预测与分析计算结果见图 6-33 及表 6-11。

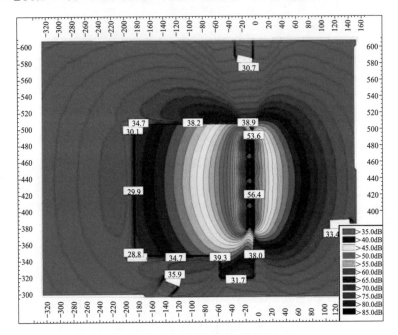

图 6-33　四组高压电抗器噪声分析

注　地面 1.2m 噪声预测图。

表 6-11　　　　　　　　　　　　4 组高压电抗器运行期噪声计算结果　　　　　　　　　　　　dB（A）

预测项目	贡献值	现状值	
		昼间	夜间
厂界东侧测点 1	53.8	43.5	41.2
厂界东侧测点 2	55.8	53.5	53.2
厂界东侧测点 3	56.5	53.5	53.2
厂界东侧测点 4	53.2	53.5	53.2
厂界北侧测点 1	40.4	46.7	44.2
厂界北侧测点 2	35.9	42.8	39.5
厂界西侧测点 1	30.1	38.8	38.9
厂界西侧测点 3	29.6	38.5	38.2
厂界南侧测点 1	33.7	42.9	40.6
厂界南侧测点 2	35.4	43.4	41.9
厂界南侧测点 3	33.5	42.5	39.2

在本期新增 1 组高压电抗器后，原有超标现象将继续加重，需要采取有效的噪声防治措施防治变电站厂界噪声超标问题。

为使厂界环境噪声达标，新建围墙与隔声屏障组合高度第一次选择 5m 高度进行预测。预测图见图 6-34。

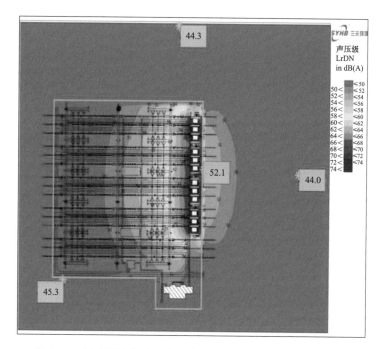

图 6-34　新建围墙与声屏障组合高度 5m 时厂界环境噪声情况

　　可见声屏障高度 5m 时，厂界噪声达到 52.1dB(A)，未达标。把新建围墙与隔声屏障组合高度提高到 6m 时，预测见图 6-35。

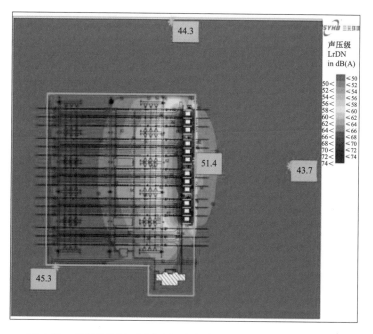

图 6-35　新建围墙与声屏障组合高度 6m 时厂界环境噪声情况

　　可见声屏障 6m 时，厂界环境噪声为 51.4dB(A)，仍然未达到要求。把新建围墙与隔声屏障组合高度提高到 7m 时，预测见图 6-36。

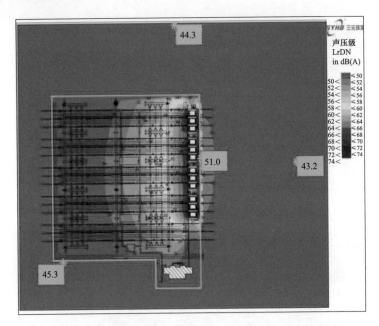

图 6-36　新建围墙与声屏障组合高度 7m 时厂界环境噪声情况

可见声屏障 7m 时，厂界环境噪声为 51.0dB(A)，仍然未达到要求。

经过多次预测，新建围墙与隔声屏障组合高度取 8m 较合适，长度为 150m，设计屏障板板厚不小于 150mm，计权隔声量 R_w 不低于 20dB。声屏障设计可靠的接地系统。

如图 6-37 所示，当声屏障高度 8m 时，项目厂界噪声贡献值为 49.6dB(A)，可满足厂界噪声 2 类的要求。

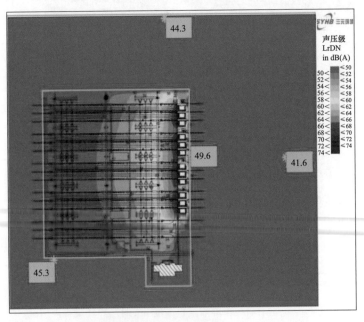

图 6-37　新建围墙与声屏障组合高度 8m 时厂界环境噪声情况

声屏障各高度情况下，厂界噪声最大值情况见表 6-12。

表 6-12	各种预测情况下预测值
声屏障高度（m）	东侧厂界噪声最大值［dB(A)］
5	52.1
6	51.4
7	51.0
8	49.6

采用新建围墙与声屏障组合高度 8m 后，厂界噪声预测情况见表 6-13。

表 6-13	采取噪声治理措施后厂界噪声贡献值预测结果
预测项目	噪声贡献值［dB(A)］
东侧厂界	49.6
南侧厂界	45.3
西侧厂界	44.2
北侧厂界	46.7

根据厂界噪声预测结果，新建围墙与声屏障组合高度 8m 后，项目厂界噪声可满足厂界噪声 2 类的要求。

方案二：隔声罩

隔声罩是把噪声封闭起来的装置，可以有效地阻隔噪声的外传和扩散，减少噪声对环境的影响。设计采用可拆卸式隔声罩，以方便设备的检修。隔声罩暂定设计尺寸为 9m×7.2m×7m（长×宽×高），罩体采用模块化结构板，结构板内增加低频吸声性能好的吸声层。结构板隔声量不小于 30dB。隔声罩设置隔声门、隔声窗、进风及排风消声器。隔声罩的组合隔声量不小于 20dB。隔声罩内设置照明系统、接地系统和温控报警系统。隔声罩的平面布置见图 6-38，效果图见图 6-39，案例照片见图 6-40，加装隔声罩后站内高压电抗器设备噪声贡献等声值线图见图 6-41。

图 6-38 隔声罩平面布置图

图 6-39 隔声罩效果图

图 6-40　隔声罩现场图

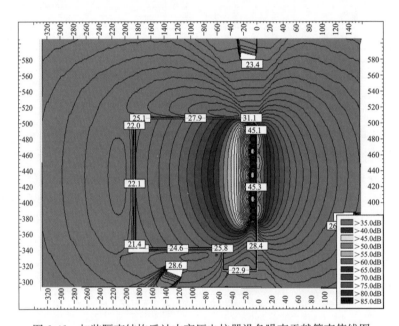

图 6-41　加装隔声结构后站内高压电抗器设备噪声贡献等声值线图

可见加装隔声罩后，项目厂界可满足厂界噪声 2 类的要求。

3. 方案综合对比

声屏障和隔声罩均可以达到效果，声屏障工程和隔声罩工程的对比情况见表 6-14。

（1）隔声量。从降噪效果上来看，隔声罩方案隔声量约为 11dB（A），隔声屏障隔声量约 8dB（A），两个方案均能降低厂界噪声，在保证厂界噪声达标排放的同时也能降低低频噪声对附近居民的影响。

（2）实施后对变电站可能产生的不良影响。从实施后对变电站可能产生的不良影响方面来看，隔声罩方案可能会对高压电抗器产生散热方面的影响，对检修和运行有一定影响。

（3）投资方面。从投资方面来说，隔声罩方案投资太高，声屏障和围墙结合方案可减少声屏障面积，降低投资。

隔声罩和隔声屏障方案实施后均不会对变电站产生不良影响：从土建施工工程量考虑，相比隔声罩方案，隔声屏障方案需根据现状围墙情况，重新砌筑设置 8m 高隔声屏障，隔声罩方案土建施工工程量相对较小，然而在噪声治理效果接近的情况下，隔声罩方案较隔声屏障方案投资能大幅减少。

综上所述，从环保角度、项目投资和运行维护安全性方面考虑，推荐采用拆除现有围墙，在围墙上新建隔声屏障方式。

表 6-14   隔声罩方案与隔声屏障方案情况对比

项目	隔声罩方案	声屏障方案			方案比较情况
		声屏障位于围墙内	声屏障位于围墙外 3m	声屏障位于围墙上	
隔声量	约 11dB(A)	约 8dB(A)			隔声量接近
采取措施后厂界噪声预测值	21.4~45.3dB(A)	28.3~48.8dB(A)	28.3~48.5dB(A)	28.3~48.8dB(A)	隔声罩方案较优
低频噪声降噪效果	较好	一般			隔声罩方案较优
厂界降噪效果	达标	达标			一致
土建施工工程量	安装较为方便，土建工程量相对较小	根据现状围墙情况，在围墙与高压电抗器之间设置 8m 高隔声屏障，土建施工工程量可能较大	东侧围墙外为变电站护坡，声屏障土建施工可能影响变电站边坡稳定	拆除现有围墙，新建基础，围墙与隔声屏障结合	隔声屏障＋隔声罩
实施后对变电站可能产生的不良影响	需考虑主变压器通风散热问题、与出线母线电气安全距离问题	与高压电抗器距离太近	东侧围墙外边坡不稳定	基本无不良影响	组合方案较优
投资概算	隔声罩 12 套，每套单价 80 万元，合计约 960 万元	隔声屏障材料费 220 万元，土建及安装费 180 万元，合计约 453 万元	边坡稳定费用高，总费用约 540 万元	减少了声屏障面积，充分利用围墙，总费用约 358 万元	声屏障位于围墙上较优

4. 方案设计及施工方案

为使该变电站的厂界环境噪声达标，拟采用隔声屏障和组合方案设置。

本项目主要采取声屏障方式进行降噪，将采用吸声、隔声、消声等措施进行降噪，具体方案如下：

（1）拆除原有围墙和基础，重新设计隔音屏障基础，围墙高度设计 2.3m。

（2）声屏障的板面采用 100mm 吸隔声模块，其主体结构采用国标型钢安装制作。吸隔声模块及钢结构采用外表面喷涂防腐蚀处理，保证整体结构协调美观。隔音屏障高度 5.7m，与围墙共计高度 8m。

（3）材料主钢选用 Q235B 钢材，次钢材料选用 Q235，其质量标准应符合《碳素结构钢》（GB/T 700—2006）的要求，并保证屈服点抗拉强度，伸长率和碳、硫、磷极限含量。

（4）焊接材料手工焊时，Q235 采用 E43xx 型焊条，并符合《非合金钢及细晶粒钢焊条》（GB/T 5117—2012）的规定，自动或半自动焊时，采用 H08A 焊丝和相应的焊剂，并符合《熔化焊用钢丝》（GB/T 14957—1994）的规定。

5.方案设计

（1）声屏障结构。声屏障的主体结构采用国际型钢安装制作。吸隔声模块及钢结构采用外表面喷涂防腐蚀处理，保证整体结构协调美观。

吸隔声模块示意图如图 6-42 所示。

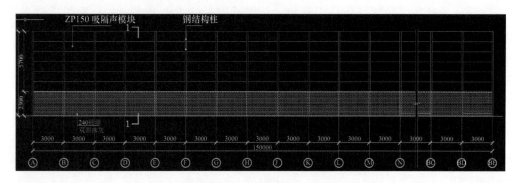

图 6-42　吸隔声模块示意图

（2）声屏障材料。采用的复合结构为吸隔声模块，隔声量不小于 30dB，降噪系数不小于 0.9，并提供第三方声学检测报告。

变电站噪声控制工程部分概算见表 6-15。

表 6-15 　　　　　　　　　　变电站建筑工程部分概算金额　　　　　　　　　　元

编制依据	项目名称及规格	单位	数量	单价		合价	
				建筑费	其中：人工费	建筑费	其中：人工费
—	建筑工程	—	—	—	—	1191544	158191
—	主要生产工程	—	—	—	—	1191544	158191
—	主要生产建筑	—	—	—	—	1191544	158191
—	噪声治理	—	—	—	—	1191544	158191
—	一般土建	—	—	—	—	1148554	149402
换 GT10-28	隔声墙（吸声板 12mm 替换为隔声模块）	m²	855.000	384.13	39.44	328431	33721
GT2-8	独立基础 钢筋混凝土基础	m³	101.000	378.39	61.75	38218	6237
GT7-23	普通钢筋	t	10.914	4260.67	373.11	46501	4072
YJ21-9	拆除钢筋混凝土基础	m³	115.000	279.06	90.04	32092	10355
调 GT1-20 * 19	石方运距 每增加 1km	m³	115.000	34.58	—	3977	—
GT10-6	道路与地坪 混凝土绝缘操作地坪	m²	30.000	87.59	11.21	2628	336
GT2-28	地基处理　钢筋混凝土 灌注桩人工挖孔	m³	367.380	906.03	257.72	332857	94681
—	小计：	—	—	—	—	784704	149402

该变电站工程静态投资为 356 万元，通过实施上述措施，该变电站可达到噪声标准。

6.3.2　案例分析

该案例为户外特高压扩建的变电站项目。户外变电站的主要噪声源主变压器、电抗器、电容器、冷却装置等均布置在户外，占地面积相对来说较大，因此多数建在农村等土地价格相对便宜的地区。对于户外特高压变电站，由于高压电抗器常布置于靠近厂界的地方，所以高压电抗器往往成为最主要的噪声源，常常导致变电站噪声超标。

对于改、扩建变电站，要遵循"以新带老"的设计原则。首先根据噪声监测数据，明确项目噪声现状，考虑改、扩建变电站周围环境的变化，如所处的功能区是否发生变化，是否有新建小区，等等。考虑改、扩建工程中新增噪声源和现有噪声源对周围环境的贡献值，计算预测。本案例中扩建 1 个 500kV 出线间隔、设 1 组 120Mvar 高压电抗器，据环评单位及省电科院监测情况可知，该变电站东侧厂界夜间噪声监测值为 44.6～56.5dB（A），夜间噪声存在超标现象，超标 6.5～7dB（A）。该变电站的主要超标噪声源为高压电抗器，高压电抗器噪声主要集中在低频段。扩建变电站周围环境无明显变化，即：所处声功能区并未变化、也无新建小区。通过计算预测改、扩建噪声的超标情况，本案例中，扩建的高压电抗器加剧了变电站东侧噪声超标情况。

对于户外变电站，常通过设置声屏障或隔声罩并设计相应的吸声、消声措施。本案例中，分别设置了声屏障方案和隔声罩方案进行比选。比选结果如下：

（1）隔声量。从降噪效果上来看，隔声罩方案隔声量约为 11dB（A），隔声屏障隔声量约 8dB（A），两个方案均能降低厂界噪声，在保证厂界噪声达标排放的同时也能降低低频噪声对附近居民的影响。

（2）实施后对变电站可能产生的不良影响。从实施后对变电站可能产生的不良影响这个方面来看，隔声罩方案可能会对高压电抗器产生散热方面的影响，对检修和运行有一定影响。

（3）投资方面。从投资方面来说，隔声罩方案投资太高。声屏障和围墙结合方案可减少声屏障面积，降低投资。

隔声罩和隔声屏障方案实施后均不会对变电站产生不良影响：从土建施工工程量考虑，相比隔声罩方案，隔声屏障方案需根据现状围墙情况，重新砌筑设置 8m 高隔声屏障，隔声罩方案土建施工工程量相对较小，然而在噪声治理效果接近的情况下，隔声罩方案较隔声屏障方案投资能大幅减少。通过类比国内和省内已建的大型变电站降噪工程，并从环保角度、项目投资和运行维护安全性方面考虑，采用拆除现有围墙，在围墙上新建隔声屏障方式更佳。

本案例还提及了声屏障与上部高压出线安全距离、声屏障与带电设备运行安全距离、声屏障与带电设备施工安全距离等工程安全影响以及施工过程中安全方面的内容。

6.4　配电站噪声控制设计典型案例

6.4.1　案例介绍

6.4.1.1　变配电站概况

某变配电站是某居住区内的一座 92-Ⅲ型的 10kV 变配电站，变配电站设有 2 间主变压器室，主变压器室的大门正对着住宅楼的南立面，相距约 6m。主变压器室的大门为彩钢板门，门的四周有比较明显的缝隙，门底部设有百页窗，已用钢板封堵，泄油坑外墙上也设有一扇百页窗。每间主变压器室内各安装 1 台干式变压器，容量为 1000kVA。

6.4.1.2　噪声影响分析

变配电站内的主要噪声源是 2 台主变压器，实测的主要噪声数据见表 6-16。

表 6-16　　　　　　　　　　　实测的噪声数据

序号	测点位置	噪声级［dB(A)］
1	1 号主变压器四周 1	54～57
2	1 号主变压器室大门外 1m	51
3	1 号主变压器室泄油坑百页窗外近处	55
4	2 号主变压器四周 1m	58～61
5	2 号主变压器室大门外 1m	54
6	2 号主变压器室泄油坑百页窗外近处	60
7	居民楼前 1m	52

根据测试数据可知，1 号主变压器室和 2 号主变压器室大门外 1m 处的噪声级分别为 51dB(A) 和 54dB(A)，居民楼前 1m 处的噪声级为 52dB(A)，夜间超标 2dB(A)。变压器噪声主要是通过大门（包括门缝和门下部的百页窗）和泄油坑百页窗向外传播的，由于 2 号主变压器的噪声比 1 号主变压器高出约 4dB(A)，所以 2 号主变压器室大门外及泄油坑百页窗外的噪声都比 1 号主变压器室高出 3～5dB(A)。注：变配电站位于居住区内，所在处执行 2 类区标准，即夜间 $L_{eq}\leqslant50$dB(A)。

6.4.1.3　采取的噪声治理措施

1. 主变压器室内安装墙面吸声结构

由于主变压器室室内混响噪声明显，安装吸声结构可有效降低主变压器室内的混响噪声。受高压安全的限制，吸声结构安装在主变压器室除大门侧的其余 3 面墙上，高度 3m，从地面以上 300mm 开始安装，这样可以避开接地排。吸声结构采用了专门用于变电站的绝缘型复合吸声结构，吸声特性符合变压器噪声的频率特性，低频吸声性能较好；采用绝缘型的穿孔板代替金属护面板，有利于主变压器室的安全防护；吸声结构中无离心玻璃棉板等多孔吸声材料，无蓄热现象，不影响主变压器室的通风散热。实测安装墙面吸声结构后，主变压器室内取得了 2～3dB(A) 的降噪量。

2. 泄油坑内安装消声装置和吸声体

为降低噪声通过泄油坑外的百页窗向外传播，在百页窗的内侧安装消声装置和吸声体。消声装置由 6 块消声片组成，消声片的长×宽×厚为 1000mm×600mm×150mm，为方便将消声片运至泄油坑内，每小消声片又分成两块。消声片等间隔排列，间距为 375mm；消声片垂直于泄油坑底面安装，一端紧靠着百页窗。吸声体为平板状，呈长条形，共 3 条，分别平铺在主变压器室地面 3 个条形洞口的正下方。为了方便运至泄油坑内，每条吸声体又分成了 3 块，每块的长×宽×厚为 800mm×500mm×100mm。泄油坑内安装消声装置和吸声体后，泄油坑百页窗外的降噪效果在 5dB(A) 左右。

3. 大门内侧安装隔声卷帘

主变压器室已有大门门扉的隔声量还可以，噪声主要通过门缝和百页窗向外传播，因此综合考虑降噪和造价等因素，决定保留已有大门，并在已有大门的内侧安装隔声卷帘。隔声卷帘由 1.5mm 厚的隔声毡制成，隔声卷帘两侧均超过门洞，并设置了竖向的导槽，可减少两侧的漏声。安装隔声卷帘后的降噪效果在 5dB(A)。隔声卷帘如图 6-43 所示。

图 6-43　隔声卷帘

6.4.1.4　噪声治理效果

采取了上述的 3 项噪声治理措施后，变配电站站外 1m 处的噪声由 54dB(A) 降至 49.5dB(A)，居民楼前 1m 处的噪声由 52dB(A) 降至 48.5dB(A)，达到了 2 类区夜间标准的限值要求。

6.4.2　案例分析

电压等级低于 35kV 的称为配电站。由于 10kV 变配电站属于电网终端站，且由于每个 10kV 变配电站的变压器容量及所能供电的范围有限，因此 10kV 变配电的数量非常多，且布置在居民区附近。尽管 10kV 变配电站整体噪声不高，但是由于距离居民楼近，仍然会对居民生活造成影响，引发居民的噪声投诉。10kV 变配电站的类型有多种，上海市的 10kV 变配电站以站房的建筑形式分成 92-Ⅲ型，99-Ⅲ型两类站型。其中 92-Ⅲ型的 10kV 变配电站建造年代较早，建造时对变压器的噪声传播影响尚未引起重视，有些变配电站噪声对居民楼的影响问题比较突出。本案例中选取了 92-Ⅲ型的 10kV 变配电站案例。

6.4.2.1　居住区内 10kV 变配电站概况

该类型 10kV 变配电站的站房形式是标准设计，设有 2 间并排的主变压器室，由控制室隔开，紧挨着旁边一间是高压开关室，后面设置低压开关室。92-Ⅲ型 10kV 变配电站的站房是砖砼结构，主变压器室的一面外墙上设有一扇大的双开门，宽×高为 3m×3m，用于变压器的进出，大门平时关闭。大门有的是普通的铁质门，有的是彩钢板门，门的下部都设有通风百页。主变压器室地面下设有泄油坑，因此主变压器室的地坪要高出室外地坪约半米，地坪下面是约 0.6m 高的泄油坑空间。泄油坑与室外通过百页窗相通，该百叶窗位于主变压器室大门的正下方。此外主变压器室大门的正上方还设有一扇百页窗，另外两侧外墙上也各设有一扇百页窗。某地区 92-Ⅲ型 10kV 变配电站的实景如图 6-44 所示。10kV 变配电站在居住区内的布置各不相同，不过通常都有一面或多个面是毗邻居民楼的。当变配电站主变压器室大门所在的一面正对着居民楼的南立面（见图 6-44）时，从两间主变压器室内传出的噪声容易影响到居民楼卧室及起居室的生活。这种布置形式是最不利的。

92-Ⅲ型 10kV 变配电站内两间主变压器室各安装 1 台 10kV 的变压器，变压器的容量为

800～1250kVA。图 6-45 是 10kV 干式变压器实照，地面上有泄油坑口。

图 6-44　92-Ⅲ型站的外部实景　　　　　图 6-45　10kV 干式变压器实照

该类型变配电站的主变压器室不设机械通排风装置，而是在外墙上布置百页窗来进行自然通风散热。

6.4.2.2　居住区内 10kV 变配电站的噪声特性

1. 主要的噪声源及噪声源强

2 台 10kV 干式变压器是该类型变配电站中的主要噪声源，800kVA 干式变压器的噪声级在 50～55dB(A)，而 1000kVA 大多在 60～70dB(A)。

2. 噪声的传播影响特性

安装在主变压器室内的变压器所辐射的噪声首先在主变压器室内扩散，噪声经墙面，地面及天花板等反射后形成混响噪声，将会加大主变压器室内的总噪声级。此外，变压器噪声还向泄油坑内传播扩散，并在泄油坑内形成混噪声。主变压器室的墙体是砌块墙，厚度在 200mm 以上，隔声量在 40dB 以上，因此透过墙体向外传播的声能可以忽略。主变压器室内的噪声主要通过大门、百页窗向外传播。向外传播的噪声既有变压器直接辐射的噪声，也有混响噪声。图 6-46 所示为变压器噪声的扩散传播示意图。

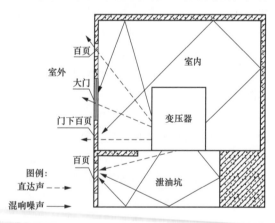

图 6-46　变压器噪声的传播示意图

主变压器室内噪声通过大门、百页窗传出后再向毗邻的居民楼传播，这时大门、百页窗就相当于是声源。主变压器室大门的宽和高都在 3m 左右，而且大门的上方和下方还各设有一扇百页窗，都会向外传播噪声，所以说噪声辐射面的面积较大。从噪声衰减特性来说，从大门及百页窗向外传出的噪声在一定距离范围内近似呈面声源特性，噪声的距离衰减较慢，对正对着的相距较近的居民楼影响比较明显。

按照 2 类区标准，虽说大部分居民楼前噪声（A 声级）可达标，但是仍然存在低频电磁噪声的影响，居民投诉比较多，现场也确实能够比较清楚地听到"嗡嗡"的低频电磁噪声，正是低频电磁噪声的特征。

6.4.2.3 居住区内 10kV 变配电站的噪声治理措施

1. 主变压器室内的吸声处理

92-Ⅲ型 10kV 变配电站主变压器室的体形空间较小，变压器距主变压器室的墙面较近，主变压器室的建筑结构面又都是混凝土面，吸声系数很低，噪声在主变压器室内传播时都会产生比较明显的混响噪声。吸声处理是降低室内混响噪声的有效措施，适用于主变压器室的降噪。由于变压器的噪声呈低频特性，因此主变压器室进行吸声处理设计时所选用的吸声结构不仅应具有较高的降噪系数，还应具有较好的低频吸声性能，在 100、200Hz 和 400Hz 处的吸声系数应该比较高，以确保吸声处理达到良好的降噪效果。主变压器室内一定高度处一般都有变压器的进出线，所以从高压安全的角度考虑，主变压器室进行吸声处理时吸声结构一般安装在主变压器室的 4 个墙面上，如果顶上也能安装吸声结构则吸声降噪的效果将更好。如果设计合理，主变压器室内进行吸声处理一般能取得 3dB(A) 左右的降噪效果。

2. 主变压器室大门的隔声处理

主变压器室的大门有两种，一种是旧的铁质门，另一种是轻质的夹芯彩钢板门，对于这两种大门可分别进行隔声处理。对于旧的铁质门（单层钢板），门扉的隔声量不高，而且大门的底部还设有百页，门的四周又有很大的缝隙，所以隔声量很低，需将大门更换为钢质的隔声门，隔声量可以设计为 30dB(A)，门的四周设置密封件，门底部的百页设计为消声百页，消声量设计为 10~15dB(A)。对于夹芯彩钢板门，隔声量虽然有所增加，但是门的四边及两扇门扉之间没有专门的密封措施，漏声明显，在不更换大门的情况下，采用在大门内侧安装隔声卷帘的方法，将大门的门洞全部挡住，降低大门处的漏声。隔声卷帘的形式与普通钢质卷帘门类似，采用隔声毡制作，隔声毡上间隔地设置一些横向压条来保证隔声毡的平整，并在垂直方向利用绷带将每个压条串联起来，通过绷带来承受隔声卷帘的重量，防止隔声毡变形或断裂。在门洞两侧的墙面上分别设置一根导槽，隔声卷帘升起或降落时都是在导槽内上下滑动，这样也可以降低隔声卷帘两侧的漏声。隔声卷帘采用电动。隔声卷帘本身的实际隔声量可以达到 15dB 以上，安装在主变压器室大门内侧主要起到辅助降噪的作用，遮挡大门四周及中间的缝隙，适当提高大门整体的隔声效果，一般可取得 3~5dB(A) 的降噪量。如果能在大门和隔声卷帘之间适当地采取一些吸声措施，如在已有大门内侧安装吸声结构，或者隔声卷帘上粘贴薄的吸声材料，可提高隔声卷帘的降噪效果。

3. 普通防雨百页窗更换成消声百页窗

一般变配电站主变压器室采用的百页窗主要是进行自然通风散热，未经过专门的消声设计，基本无降噪效果。将普通的防雨百页窗更换为消声百页窗后，可以有效地降低噪声向外的传播。消声百页窗应根据不同的降噪要求进行专门设计，消声量可设计为 10~15dB(A)。消声百页窗的消声片的厚度宜厚一些，吸声材料的容重大一些，以使消声百页窗对低频率的变压器电磁噪声有较好的消声量。但要注意主变压器室的通风散热问题，因此要充分考虑消声百页窗的有效通流面积。

4. 泄油坑进行吸声和消声处理

泄油坑外的百页窗是主变压器室内噪声向外传播的主要通道之一，在泄油坑内安装吸声体和消声装置是降低噪声向外传播的有效措施。将该百页窗更换为消声百页窗，为了不减小有效通风面积，还应在百页窗的内侧安装合适的消声装置。消声装置由多个消声片组成，消声片垂直安装在泄油坑的底板上，并排布置，一端靠近百页窗，与百页窗相垂直。消声片之间的间距应进行合理设计，既不能减小原有的通风面积，也应具有足够的消声量。泄油坑外百页窗的内侧安装消声装置后，一般可取得 3dB（A）左右的降噪量。也可以在泄油坑内安装吸声体，从而降低泄油坑内噪声向外传播的强度。吸声体为平板状，可采用离心玻璃棉板和穿孔铝板复合而成，安装时直接平铺在泄油坑的底板上即可。由于变压器噪声是通过主变压器室地面上的 3 个条形洞口传至泄油坑内的，因此这 3 个洞口所对应的泄油坑底板将是噪声的主要反射面，吸声体的安装范围应超过这 3 个洞口。泄油坑内安装吸声体后，一般可取得 2dB（A）左右的降噪量。

通过采取适当的吸声、隔声及消声等综合性的噪声治理措施，可使居住区内 92-Ⅲ 型的 10kV 变配电站附近的居民楼前噪声均达到 2 类区的夜间标准要求。

6.5 特高压变电站噪声控制设计典型案例

6.5.1 案例介绍

本部分以某 1000kV 特高压变电站的噪声控制为例，该变电站厂界噪声执行《工业企业厂界环境噪声排放标准》（GB 12348—2008）2 类标准；站外声环境执行《声环境质量标准》（GB 3096—2008）2 类标准要求。

6.5.1.1 案例噪声特性分析

特高压变电站内的主要声源设备包括主变压器、高压电抗器、低压电抗器、低压电容器等，其中又以主变压器和高压电抗器的噪声影响较大。主变压器和高压电抗器的发声原理相近，均包括设备运行时由铁芯硅钢片的磁致伸缩引起的电磁噪声和冷却风机等冷却设备产生的气流噪声，其中设备本体辐射的电磁噪声频率一般低于 500Hz，冷却风机等辐射的气流噪声则以 500～4000Hz 的中高频噪声为主。

特高压变电站主变压器及高压电抗器 1/3 倍频带 A 计权声功率级见图 6-47，在低频（中心频率为 31.5～250Hz 的倍频带）、中频（中心频率为 500Hz～2kHz 的倍频带）和高频（中心频率为 4～16kHz 的倍频带）范围的能量比例见表 6-17。由表可知，主变压器、高压电抗器低频声能量比例均在 98％以上，且高压电抗器噪声低频特性更加明显。

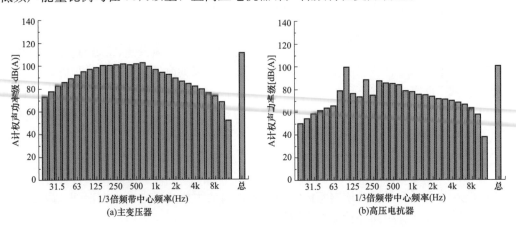

图 6-47 主变压器、高压电抗器 1/3 倍频带 A 计权声功率级

表6-17 主变压器、高压电抗器噪声中各频段声能量占总声能的比例

计权类别	主变压器			高压电抗器		
	低频范围	中频范围	高频范围	低频范围	中频范围	高频范围
不计权	98.79%	1.20%	0.01%	99.71%	0.29%	0.00%
A计权	51.13%	48.43%	0.44%	90.18%	9.53%	0.29%

结合理论和工程实际,本案例对变电站噪声的控制以低频噪声为主。

6.5.1.2 特高压变电站噪声治理措施材料比选

1. 吸声测试

本案例基于特高压变电站的特点,并结合噪声控制效果、经济可行性、安装便捷性等方面因素,选出了4组复合材料有空腔的结构进行比较,并用10mm厚水泥纤维板作为背板组成复合吸隔声结构,进行混响室吸声测试。

(1)结构1:铝纤维吸声板(厚度1.6mm,密度850g/m²)+无碱玻纤布(经纬12×10)+玻璃棉(厚度100mm,48kg/m³)+空腔(80mm)+水泥纤维板(10mm)。

(2)结构2:铝纤维吸声板(厚度1.6mm,密度850g/m²)+三聚氰胺棉板(厚度100mm,9kg/m³)+空腔(80mm)+水泥纤维板(10mm)。

(3)结构3:聚合微粒吸声板(厚度8mm)+无碱玻纤布(经纬12×10)+玻璃棉(厚度100mm,48kg/m³)+空腔(80mm)+水泥纤维板(10mm)。

(4)结构4:聚合微粒吸声板(厚度8mm)+三聚氰胺棉板(厚度100mm,9kg/m³)+空腔(80mm)+水泥纤维板(10mm)。

吸声测试结果见表6-18和图6-48。

表6-18 吸 声 测 试 结 果

序号	频率（Hz）																		N_{RC}	平均吸声系数
	100	125	160	200	250	315	400	500	630	800	1000	1250	1600	2000	2500	3150	4000	5000		
结构1	0.62	0.52	0.92	1.01	0.98	0.98	1.02	0.99	0.97	0.97	0.95	0.92	0.89	0.87	0.83	0.84	0.79	0.82	0.90	0.88
结构2	0.64	0.56	0.92	1.06	0.93	0.98	0.98	0.96	0.96	0.96	0.96	0.95	0.88	0.88	0.87	0.85	0.80	0.82	0.90	0.89
结构3	0.63	0.49	0.93	1.10	1.02	1.06	1.12	1.10	1.03	0.97	0.99	0.97	0.90	0.85	0.80	0.75	0.70	0.71	0.95	0.89
结构4	0.61	0.47	0.85	1.12	1.00	1.04	1.07	1.03	1.02	1.06	1.01	0.96	0.93	0.87	0.81	0.76	0.69	0.67	0.95	0.89

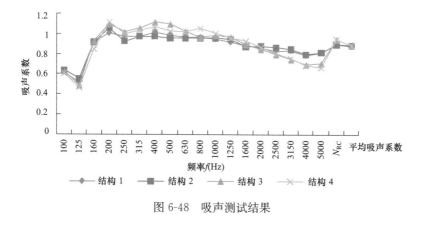

图6-48 吸声测试结果

2. 隔声测试

隔声测试采用吸声材料两两组合的形式，将两种吸声材料进行复合，铝纤维吸声板和微粒吸声板作为面板，玻璃棉和三聚氰胺作为吸声层，并用10mm厚水泥纤维板作为背板组成复合吸隔声结构，得到四种结构，分别是：

（1）结构1：铝纤维吸声板（厚度1.6mm，密度850g/m^2）＋无碱玻纤布（经纬12×10）＋玻璃棉（厚度100mm，48kg/m^3）＋空腔（80mm）＋水泥纤维板（10mm）。

（2）结构2：铝纤维吸声板（厚度1.6mm，密度850g/m^2）＋三聚氰胺棉板（厚度100mm，9kg/m^3）＋空腔（80mm）＋水泥纤维板（10mm）。

（3）结构3：聚合微粒吸声板（厚度8mm）＋无碱玻纤布（经纬12×10）＋玻璃棉（厚度100mm，48kg/m^3）＋空腔（80mm）＋水泥纤维板（10mm）。

（4）结构4：聚合微粒吸声板（厚度8mm）＋三聚氰胺棉板（厚度100mm，9kg/m^3）＋空腔（80mm）＋水泥纤维板（10mm）。

隔声测试结果见表6-19和图6-49。

表6-19　　　　　　　　　　　　　　隔声测试结果

序号	频率（Hz）																		R_w
	100	125	160	200	250	315	400	500	630	800	1000	1250	1600	2000	2500	3150	4000	5000	
测试结构1	21.03	26.30	27.00	25.60	28.80	26.90	29.89	31.60	32.90	34.10	35.50	37.80	39.30	40.10	38.40	38.60	39.51	40.99	35.00
测试结构2	23.15	27.45	28.91	27.03	30.79	26.56	29.13	31.90	33.67	34.52	36.97	40.04	41.65	41.31	40.12	40.46	39.95	40.97	36.00
测试结构3	22.11	26.67	27.91	26.32	29.76	25.29	27.11	29.17	31.03	32.75	33.46	35.46	37.39	38.20	36.47	36.62	36.47	37.51	33.00
测试结构4	22.40	26.73	27.83	26.78	29.89	25.13	27.59	30.52	32.26	34.07	36.12	38.67	40.56	40.16	39.52	39.76	39.51	41.33	35.00

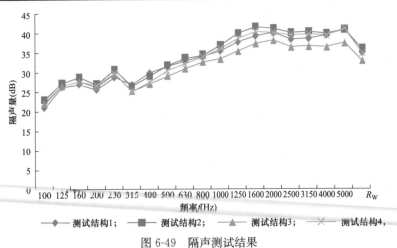

图6-49　隔声测试结果

由测试结果可看出，结构2铝纤维吸声板和三聚氰胺棉板和水泥纤维板组成的复合吸隔声结构隔声量较好。

通过以上一系列吸声、隔声试验，表明铝纤维吸声板（厚度1.6mm，密度850g/m^2）＋三聚氰胺棉板（厚度100mm，9kg/m^3）＋空腔（80mm）＋水泥纤维板（10mm）的复合吸隔声结构在低频吸声、隔声及其他性能方面较其他三种结构有较大优势，更适宜作为特高压变电站的吸隔声结构。

因此，本案例选用铝纤维吸声板＋三聚氰胺棉板＋水泥纤维板的复合吸隔声结构进一步加工成为声屏障及隔声罩，进行插入损失量、隔声量检测，确定最合理形式的声屏障、隔声罩，进而判断这些吸声材料和结构用于特高压变电站噪声治理的可行性。

6.5.1.3　噪声控制材料优化效果验证

本案例采取球声源进行隔声罩插入损失及传递损失（隔声量）测试，测试位置为隔声罩轮廓线外 1m，高度为 1.2m 处。

铝纤维吸声板＋三聚氰胺棉板＋水泥纤维板的复合吸隔声结构加工成的隔声罩传递损失及插入损失见表 6-20 及表 6-21。此结果比公认的隔声罩（box-in）20dB（A）的降噪量高出 8.6～10.4dB（A），实现了隔声罩降噪效果的优化。

表 6-20　隔声罩传递损失

距离隔声罩轮廓线外 1.0m，高度 1.2m				
测点	1	2	3	平均值
L_A [dB(A)]	28.4	28.9	28.6	28.6

表 6-21　隔声罩插入损失

距离隔声罩轮廓线外 1.0m，高度 1.2m				
测点	1	2	3	平均值
L_A [dB(A)]	30.2	30.6	30.3	30.4

隔声罩相关测试图片见图 6-50。

图 6-50　隔声罩测试照片

采取球声源进行声屏障传递损失（隔声量）测试，测试位置为隔声罩轮廓线外 1m，高度为 1.2m 处。

铝纤维吸声板＋三聚氰胺棉板＋水泥纤维板的复合吸隔声结构加工成的声屏障传递损失见表 6-22。此结果比公认的单屏障降噪量 15dB（A）高出 1.3dB（A），实现了降噪效果的优化。

表 6-22 声屏障传递损失

距离声屏障 1m，高度 1.2m				
测点	1	2	3	平均值
L_A［dB（A）］	18.6	15.3	15.0	16.3

由隔声罩和声屏障效果验证结果可知，本案例选用的铝纤维吸声板＋三聚氰胺棉板＋水泥纤维板的复合吸隔声结构可作为特高压变电站声屏障及隔声罩降噪用复合吸声结构。

6.5.1.4 声屏障和隔声罩组合空间

由于单独在主变压器和高压电抗器处设置隔声罩或单独设置声屏障没有两者组合效果好，且由于空间所限，主变压器和高压电抗器处只能设隔声罩或声屏障一种降噪措施，因此需要将主变压器和高压电抗器处的隔声罩或声屏障措施与厂界声屏障措施相结合，以实现厂界噪声及声环境达标。

特高压变电站内变压器通常布置在站区中央，通过距离衰减对厂界及站外声环境敏感建筑的噪声贡献较小。高压并联电抗器通常安装在特高压变电站线路的出线侧、靠近厂界附近，对厂界及站外声环境敏感建筑的噪声贡献较大。因此本案例把高压电抗器作为特高压变电站噪声控制的重点对象，主要考虑在高压电抗器处设置隔声罩或声屏障与厂界处声屏障相结合的措施。

根据该特高压变电站远期 CAD 总平面图建立预测几何模型（见图 6-51），通过计算声场分布图，分析在高压电抗器隔声罩与厂界声屏障组合降噪措施下厂界处的噪声排放水平。

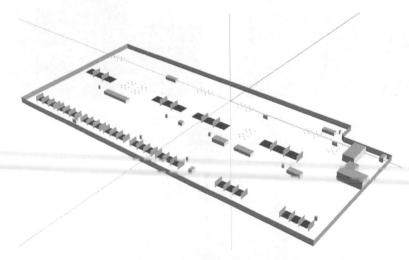

图 6-51 高压电抗器隔声罩与厂界声屏障组合几何模型

该特高压变电站主要噪声源见表 6-23，不同预测情景下的降噪措施见表 6-24。

表 6-23　　　　　　　　　　　　　**主 要 噪 声 源 表**

编号	设备名称	组数	声功率级〔dB(A)〕
1	1000kV 高压电抗器（280Mvar）加隔声罩	4	82
2	1000kV 高压电抗器（160Mvar）加隔声罩	4	75
3	1000kV 变压器	4	102
4	110kV 低压电抗器	8	83.6
5	站用变压器	2	81.3

表 6-24　　　　　　　　　　　**不同预测情景下的降噪措施**

预测情景编号	降噪措施		
	主变压器	高压电抗器	厂界
1	—	隔声罩，降噪量 20dB(A)	设置围墙，高度 2.5m
2	—	隔声罩，降噪量 20dB(A)	设置声屏障，高度 8m

该变电站噪声等值线分布见图 6-52 及图 6-53。从预测结果可知，采用预测情景 1 的降噪措施，北侧与西侧厂界噪声超标，北侧、西侧及南侧部分区域站外声环境超标；采用预测情景 2 的降噪措施，各侧厂界噪声均满足《工业企业厂界环境噪声排放标准》（GB 12348—2008）2 类标准，各侧站外声环境均满《声环境质量标准》（GB 3096—2008）2 类标准要求。

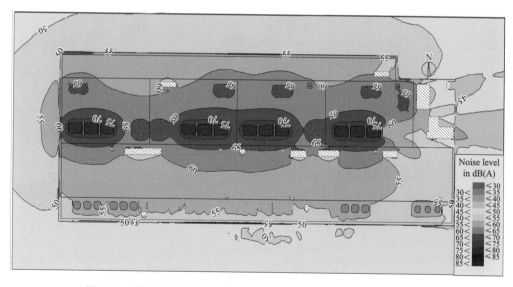

图 6-52　高压电抗器 box-in＋2.5m 围墙组合措施噪声等值线分布图

根据该特高压变电站远期 CAD 总平面图建立预测几何模型（见图 6-54），通过计算声场分布图，分析在高压电抗器声屏障与厂界声屏障组合降噪措施下厂界处的噪声达标情况。

高压电抗器两侧设置的声屏障距防火墙南北两端点距离为 3m，且延长东西两侧防火墙使之与屏障连接。暂不对屏障进行任何吸声处理，其吸声系数与防火墙相同。

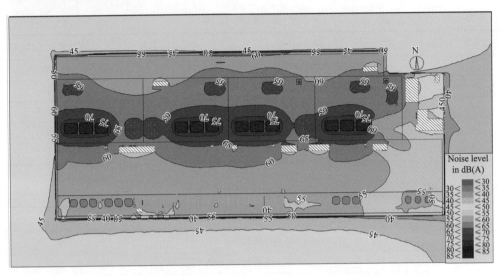

图 6-53　高压电抗器 Box-in＋8m 声屏障组合措施噪声等值线分布图

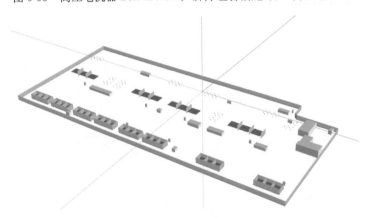

6-54　该特高压变电站高压电抗器隔声罩与厂界声屏障组合几何模型

此时特高压变电站主要噪声源见表 6-25，不同预测情景下的降噪措施见表 6-26。

表 6-25　　　　　　　　　　　　　　主　要　噪　声　源　表

编号	设备名称	组数	声功率级［dB(A)］
1	1000kV 高压电抗器（280Mvar）	4	102
2	1000kV 高压电抗器（160Mvar）	4	95
3	1000kV 变压器	4	102
4	110kV 低压电抗器	8	83.6
5	站用变压器	2	81.3

表 6-26　　　　　　　　　　　不同预测情景下的降噪措施

预测情景编号	降噪措施		
	主变压器	高压电抗器	厂界
1	—	双侧声屏障，9m	设置围墙，高度2.5m
2	—	双侧声屏障，9m	设置声屏障，高度8m

该变电站噪声等值线分布见图 6-55 和图 6-56。从预测结果可知，采用预测情景 1 的降噪措施，各侧厂界噪声及声环境均超标严重；采用预测情景 2 的降噪措施，北侧、东侧和西侧厂界噪声满足《工业企业厂界环境噪声排放标准》（GB 12348—2008）2 类标准，南侧厂界夜间噪声仍有超标现象，北侧和东侧站外声环境满足《声环境质量标准》（GB 3096—2008）2 类标准要求，西侧和南侧站外声环境夜间噪声在声影区外仍有超标现象。

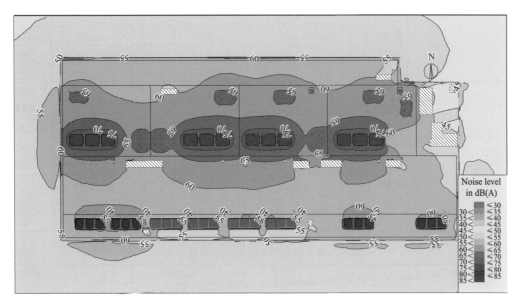

图 6-55　高压电抗器双侧声屏障＋2.5m 围墙组合措施噪声等值线分布图

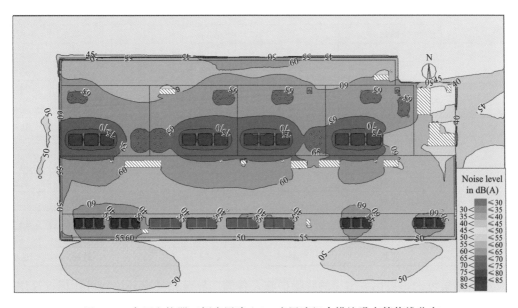

图 6-56　高压电抗器双侧声屏障＋8m 声屏障组合措施噪声等值线分布

四种不同方案厂界噪声达标分析数据见表 6-27，站外声环境噪声达标分析见表 6-28。

表 6-27 不同方案各侧厂界噪声分析 dB（A）

方案编号	所在方向	预测值	标准限值		达标情况	
			昼间	夜间	昼间	夜间
一	北侧	47.8	60	50	达标	达标
	东侧	43.4	60	50	达标	达标
	南侧	44.6	60	50	达标	达标
	西侧	49.5	60	50	达标	达标
二	北侧	48.4	60	50	达标	达标
	东侧	46.8	60	50	达标	达标
	南侧	54.6	60	50	达标	超标
	西侧	49.7	60	50	达标	达标
三	北侧	44.3	60	50	达标	达标
	东侧	42.1	60	50	达标	达标
	南侧	43.6	60	50	达标	达标
	西侧	48.4	60	50	达标	达标
四	北侧	46.9	60	50	达标	达标
	东侧	44.6	60	50	达标	达标
	南侧	48.2	60	50	达标	达标
	西侧	49.2	60	50	达标	达标

表 6-28 不同方案各侧站外声环境噪声预测分析 dB（A）

方案编号	所在方向	预测值	标准限值		达标情况	
			昼间	夜间	昼间	夜间
一	北侧	48.6	60	50	达标	达标
	东侧	44.8	60	50	达标	达标
	南侧	47.5	60	50	达标	达标
	西侧	49.5	60	50	达标	达标
二	北侧	48.9	60	50	达标	达标
	东侧	47.8	60	50	达标	达标
	南侧	54.8	60	50	达标	超标
	西侧	52.1	60	50	达标	超标
三	北侧	46.8	60	50	达标	达标
	东侧	43.2	60	50	达标	达标
	南侧	46.1	60	50	达标	达标
	西侧	48.8	60	50	达标	达标
四	北侧	47.1	60	50	达标	达标
	东侧	44.8	60	50	达标	达标
	南侧	48.8	60	50	达标	达标
	西侧	49.4	60	50	达标	达标

　　从分析结果可知，采用方案一的降噪措施，各侧厂界及站外声环境均可达标；采用方案二的降噪措施，北侧、东侧和西侧厂界噪声满足《工业企业厂界环境噪声排放标准》（GB 12348—2008）2 类标准，南侧厂界夜间噪声仍有超标现象，北侧和东侧站外声环境满足《声环境质量标准》（GB 3096—2008）2 类标准要求，西侧和南侧站外声环境夜间噪声在

典型设计案例

声影区外仍有超标现象；方案三各侧厂界噪声均满足《工业企业厂界环境噪声排放标准》（GB 12348—2008）1 类标准，各侧站外声环境均满足《声环境质量标准》（GB 3096—2008）1 类标准要求；方案四各侧厂界噪声均满足《工业企业厂界环境噪声排放标准》（GB 12348—2008）2 类标准，各侧站外声环境均满足《声环境质量标准》（GB 3096—2008）2 类标准要求。

四种方案经济比较见表 6-29。

表 6-29 　　　　　　　　　　　不同方案经济成本对比

方案编号	措施	每组设备成本（万元）	每组设备总成本（万元）
一	高压电抗器隔声罩［20dB(A)］	163.5	321.5
	厂界声屏障	158	
二	高压电抗器两侧声屏障	78.4	236.4
	厂界声屏障	158	
三	高压电抗器隔声罩［25dB(A)］	208.5	450.4
	厂界声屏障（$N_{RC}=0.9$）	241.9	
四	高压电抗器两侧声屏障（$N_{RC}=0.9$）	120	361.9
	厂界声屏障（$N_{RC}=0.9$）	241.9	

由上述结果可知，四种方案降噪效果的排序为：方案三＞方案一＞方案四＞方案二；四种方案降噪成本的排序为：方案二＜方案一＜方案四＜方案三。

综上，从降噪效果及经济性角度综合考虑，该特高压变电站推荐方案为方案一，即高压电抗器采用 20dB(A) 隔声罩＋厂界声屏障（8m 高，不考虑吸声），且采用铝纤维吸声板＋三聚氰胺棉板＋水泥纤维板的复合吸隔声结构可作为特高压变电站声屏障及隔声罩降噪用复合吸声结构。

6.5.2　案例分析

该部分以北京某 1000kV 特高压变电站为例，对特高压变电站的噪声特性进行了阐述，对吸声、隔声材料进行了比较，对声屏障和隔声罩的组合方案进行了比选分析，最终确定了"高压电抗器采用 20dB(A) 隔声罩＋厂界声屏障（8m 高，不考虑吸声），且采用铝纤维吸声板＋三聚氰胺棉板＋水泥纤维板的复合吸隔声结构可作为特高压变电站声屏障及隔声罩降噪用复合吸声结构"的方案。

1. 特高压变电站噪声特性分析

变压器运行中产生的电磁噪声包含基频分量和高次谐波分量，变压器电磁噪声基频为交变电流频率的 2 倍，对于频率为 50Hz 的交变电流而言，变压器铁芯产生的噪声以 100Hz 为基频，绕组以 50Hz 为基频，因此变压器在此频率处存在特征峰，同时包括 200、300Hz 等高次谐波分量。变压器电磁噪声呈低频特性，频率范围集中在 50～600Hz，当频率高于600Hz 时，变压器噪声的声压级衰减较快。整个频谱以中低频噪声为主。与高频噪声相比，低频噪声衰减更慢。以变压器、电抗器本体噪声为例，其能量集中于 100Hz 及其一系列谐频成分上。在向外传播的过程中，100Hz 频率成分的衰减最慢。

低频噪声的特点是波长较长，有很强的绕射和透射能力，能轻易穿越障碍物，在空气中随距离的衰减较慢，噪声的传播距离远，影响范围较广。由于目前还没有对低频噪声有高吸声系数的材料，所以各类吸声装置对变压器的降噪效果都很有限，其主要作用是降低噪声在

155

墙面上多次反射造成的混响声。同时，低频噪声也是影响居民生活的主要噪声源，因此对变电站噪声的控制应该以低频噪声为主。

2. 吸声材料选择

超细玻璃棉、三聚氰胺棉、铝纤维板、聚合微粒板等是常用的吸声材料。

（1）超细玻璃棉。超细玻璃棉是目前变电站应用较为广泛的一类吸声材料，属于无机纤维吸声材料类。这类材料质轻、不燃、不腐、不老化、价格低廉、吸声性能较好，但低频吸声系数小、强度低、性脆易断，且易于挥发，易吸水受潮。

本案例中选取超细玻璃棉的厚度为100mm，这是因为随着吸声层厚度的增加，对低频的吸声性能更好；但根据实测，玻璃棉厚度达到100mm后，低频的吸声性能增加不明显，若再增加厚度，则经济性不好。

本案例中选取超细玻璃棉的容重为48kg/m³。根据工程经验，玻璃棉对低频的吸声特性与容重有较大关系，当容重越大，低频吸声性能越好。但当容重增加至48kg/m³后，低频的吸声性能几乎不再增加。

（2）三聚氰胺。三聚氰胺泡沫塑料是一种低密度、高开孔率且柔性的泡沫塑料，其具有优良的吸声性、隔热性、耐温性、抗菌性且绿色环保。三聚氰胺泡沫是一种具有良好吸声性能的多孔吸声材料，特别是在1000Hz及以上中高频段，其吸声系数达到0.8以上；但在100～500Hz的中低频范围内吸声性能较差，吸声系数在0.5以下。

案例中选取三聚氰胺棉板的厚度为100mm，同样是因为达到该厚度以后，低频吸声系数增加不再明显。

案例中选取三聚氰胺的容重为9kg/m³，工程上常用的容重有6、7、9kg/m³，容重达到9kg/m³后，吸声性能几乎不再增加。

（3）铝纤维板。铝纤维吸声板是一种新型吸声材料，不仅具有较好的吸声性能和加工性能，并且具有较好的低频吸声性能。

此外，铝纤维吸声板还具有许多其他优良性能：①其厚度很薄，密度较小，因而单位面积质量较轻；②具有较高的抗拉强度，具有很好的耐候性，防水防潮性能好，耐腐蚀，能够承受高温，具有良好的防火性能；③是环境友好型材料，不会污染环境，废弃材料可以回收利用。

铝纤维板的厚度一般在1.5～3mm，当厚度约1.55mm时，其低频吸声性能和经济性都较好。结合市面上可购买到的铝纤维板的厚度情况，本案例选取铝纤维板的厚度为1.6mm。

（4）聚合微粒板。聚合微粒板也是一种新型吸声材料，精选特定目数的无机颗粒如天然砂粒、矿渣颗粒等，将胶凝溶剂，均匀且极薄地覆盖于全部微粒表面，形成特定角形系数的覆膜微粒。在外力作用下，覆膜层固化，使微小颗粒就像被焊接一样聚合在一起，微粒之间天然地形成了大量的、不规则的、相互连通的微小孔隙。

在聚合工艺中，微粒粒径级配比与聚合方式均可精确地调控，进而确定内部孔隙的大小及排列方式，由此可以根据实际需求进行自定义设计并制作满足特高压变电站特性的降噪产品。该产品具有较高的强度、耐火性、防潮性、抗冻性、耐老化性；产品中采用绿色胶凝材料，使聚合微粒产品不含任何有害挥发物，是一种绿色环保的声学材料。

聚合微粒板的厚度在8mm以上时，吸声性能主要与其级配比有关，考虑到材料的经济性及板材的强度、力学性能，厚度选 8mm 最佳。因此本案例选取聚合微粒板的厚度为 8mm。

3. 隔声材料选取

带吸声性能的吸隔声板的降噪效果明显优于全反射的隔声板降噪效果，因此降噪需将吸声和隔声综合利用。

根据质量定律，隔声量主要与隔声层的面密度有关，当面密度增加 1 倍时，隔声量增加 5～6dB。本案例选用高密度户外水泥纤维板，其主要有如下优势：

（1）10mm 厚的水泥纤维板面密度比 2mm 厚钢板大，而其材料价格则远低于钢板价格，具有很好的经济性优势。

（2）水泥纤维板与变电站防火墙的现浇结构或砖混结构的材质基本相同，而变电站高压电抗器的降噪通常需在防火墙上设置吸声体。采用水泥纤维板＋吸声材料的结构可近似看作是在现浇墙面或砖混墙面上悬挂吸声体。在对比试验中，该结构能更大程度地接近于工程实际情况。

（3）采用水泥纤维板还可在其表面采取喷涂处理等措施，具有很好的外观可塑性。实际实施中，该材料无论应用在声屏障还是 Box-in 上，均可处理出很好的外观效果。

理论研究和工程实际表明：吸隔声结构在其他条件不变的情况下，有空腔结构比无空腔吸声效果好；复合结构比单一材料的吸声效果好。

4. 隔声罩与声屏障的空间优化

隔声罩是一个复杂的隔声结构，它的隔声能力取决于多种因素，如形状和尺寸、结构刚性、开口及缝隙面积、平均吸声系数、隔声材料的隔声量和耗损因素等。隔声罩的隔声效果与结构有一定关系。在相同壁面的情况下，隔声罩封闭的越好，隔声效果越好。隔声罩上的孔洞、缝隙和开口及其面积大小，也严重影响隔声罩的隔声效果，随着孔洞、缝隙和开口面积增加，隔声罩的隔声效果也明显下降。隔声罩隔声结构所采用的型式有全封闭式、移动＋固定式、可拆卸式、半封闭式四种。考虑到后续设备检修和变压器更换的方便，设计考虑采用可拆卸式或移动式隔声罩。本案例中，由于防火墙离设备距离很远，无法借用防火墙，故采用独立式，即隔声罩（Box-in）采用独立基础＋独立于设备的钢结构支撑。

隔声罩的空间优化设计中，应考虑同时满足噪声控制设计规范及电气安全距离及检修的要求。《工业企业噪声控制设计规范》（GBT 50087—2013）中规定，隔声罩内壁与机械设备间应留有一定的空间，距离宜大于 100mm。电气安全距离要求隔声罩顶部距离高压电抗器带电部分距离不小于 7.5m，由于高压电抗器侧面四壁绝缘，因此隔声罩四周距离高压电抗器无电气安全要求，只需考虑检修要求，一般不小于 1m。

除声源降噪措施外，另一种较为常用的降噪措施是设置声屏障。即在主变压器、高压电抗器两侧设置声屏障，并与防火墙相连，顶部敞开，相当于半封闭式隔声罩。声屏障的降噪效果与声屏障的形状、构造和吸声性能、声屏障个数、声屏障布局、安装范围内其他建筑物布局等均有关。本案例中通过仿真分析获取最佳隔声降噪效果的方案。

单独在主变压器和高压电抗器处设置隔声罩或单独设置声屏障并不能使厂界噪声达标，而由于空间所限，主变压器和高压电抗器处只能设隔声罩或声屏障一种降噪措施，因此需要将主变压器和高压电抗器处的隔声罩或声屏障措施与厂界声屏障措施相结合，以实现厂界噪声及声环境达标。

　　由于特高压变电站内变压器通常布置在站区中央，通过距离衰减对厂界及站外声环境敏感建筑的噪声贡献较小，而高压并联电抗器通常安装在特高压变电站线路的出线侧、靠近厂界附近，对厂界及站外声环境敏感建筑的噪声贡献较大。因此本案例把高压电抗器作为特高压变电站噪声控制的重点对象，采取在高压电抗器处设置隔声罩或声屏障与厂界处声屏障相结合的措施，通过比选，最终确定了高压电抗器采用 20dB(A) 隔声罩＋厂界声屏障（8m高，不考虑吸声）的噪声控制方案。

　　该特高压变电站通过噪声控制方案的设计，最终使变电站各侧厂界及站外声环境噪声满足《工业企业厂界环境噪声排放标准》（GB 12348—2008）2 类标准，该案例具有一定的代表性，对今后的特高压变电站噪声治理工作具有重要的指导意义。

附　　　表

附表 1　　　　　　　　　　　　　　　典型材料结构组成－隔声墙

类别	材料	面密度 （kg/m²）	厚度/尺寸 （mm）	倍频带消声量（dB）						$R_{平均}$ （dB）	R_W （dB）
				125Hz	250Hz	500Hz	1000Hz	2000Hz	4000Hz		
砖及砌块墙	矿渣三孔空心砖	120	100	30	35	36	43	53	51	40	43
	矿渣三孔空心砖	210	210	33	38	41	46	53	52	43	46
	黏土空心砖	289	240	39	42	44	47	56	52	46	48
	黏土空心砖	380	240	42	45	46	51	60	61	50	51
	混凝土空心砌块	299	190	39	40	42	49	49	49	44	47
	混凝土空心砌块	332	280	40	41	47	52	55	56	48	50
	陶粒混凝土空心砌块	273	190	42	44	50	55	57	59	51	53
砖墙	实心砖	160	60	26	30	30	34	41	40	32	35
		240	120	37	34	41	48	55	53	45	47
		480	240	42	43	49	57	64	62	53	55
		700	370	40	48	52	60	63	60	53	57
		833	490	45	58	61	65	66	68	61	62
双层砖墙	实心砖	258	$a=b=60$； $d=60$	25	28	33	47	50	47	38	38
		484	$a=b=120$； $d=20$	28	31	33	43	45	46	38	38
		800	$a=b=120$； $d=150$	50	51	58	71	78	80	64	63
		960	$a=b=240$； $d=150$	46	55	65	80	95	103	71	68
		1400	$a=b=370$； $d=230$	53	63	69	78	83	—	69	73
		1400	$a=120$； $b=20$； $d=300$	61	79	80	89	89	—	79	85
		720	$a=120$； $d=370$； $b=1000$	37	45	47	67	66	78	56	52
		1180	$a=120$； $b=20$； $d=300$	48	58	64	78	—	—	68	68
		1660	$a=370$； $b=490$； $d=200$	51	61	69	81	95	—	72	73
		2140	$a=490$； $b=620$； $d=200$	52	64	73	79	83	—	70	73

变电站噪声治理设计

续表

类别	材料	面密度 (kg/m²)	厚度/尺寸 (mm)	倍频带消声量（dB）						$R_{平均}$ (dB)	R_w (dB)
				125Hz	250Hz	500Hz	1000Hz	2000Hz	4000Hz		
单层金属	镀锌铁皮	2.6	1	13	12	17	23	29	33	21	22
		5.2	2	17	18	23	28	32	35	25	27
	钢板	78	1	—	20	26	30	36	43	29	30
	钢板加超细玻璃棉	7.8	1	19	20	26	31	37	39	28	31
		11.7	1.5	21	22	27	32	39	43	30	32
		15.6	2	—	26	29	34	42	45	34	35
		19.5	2.5	29	31	32	35	41	43	34	35
		23.4	3	28	31	32	35	42	32	33	35
		31.2	4	31	34	36	37	41	33	35	37
金属超细玻璃	钢板加超细玻璃棉	15.5	钢板1.5 玻璃棉80	29	35	45	54	61	61	47	47
		19.1	钢板2 玻璃棉80	32	33	43	52	60	64	46	46
		22.2	钢板2.5 玻璃棉80	29	38	46	54	61	62	47	49
		27.1	钢板3 玻璃棉80	29	40	44	54	60	57	47	48
		347	钢板4 玻璃棉80	28	39	46	53	60	56	46	49
双层金属板	彩色玻璃钢板中夹聚苯板	13	$a=b=1$; $d=70$	14	24	23	26	53	51	—	21
	铝板	5.2	$a=b=2$; $d=70$	17	12	22	31	48	52	30	26
		10.4	$a=b=4$; $d=80$	9	21	30	37	46	49	31	32
		62.4	$a=b=0.8$; $d=140$	34	40	44	51	57	45	46	48
	复塑钢板	13	$a=b=1$; $d=80$	19	30	36	48	56	64	41	39
	钢板	15.3	$a=b=1$; $d=80$	25	30	39	45	54	56	40	41
		23.4	$a=b=1.5$; $d=80$	26	36	44	50	58	61	46	46
		37.4	$a=b=2.5$; $d=80$	36	37	45	51	59	59	46	48
		46.8	$a=b=3$; $d=80$	32	28	42	50	58	44	44	45

类别	材料	面密度 （kg/m²）	厚度/尺寸 （mm）	倍频带消声量（dB）						$R_{平均}$ （dB）	R_w （dB）
				125Hz	250Hz	500Hz	1000Hz	2000Hz	4000Hz		
双层金属板腔内填吸声材料	铝板加超细玻璃棉	12	$a=b=2$； $d=70/70$	19	27	40	42	48	53	37	39
	贴塑钢板加岩棉		$a=b=0.7$； $d=50/50$	16	23	24	29	39	37	27	30
	贴塑钢板加矿棉毡	22.8	$a=b=08$； $d=140/50$	23	39	48	57	62	68	48	46
	钢铁加超细玻璃棉	19.1	$a=b=1$； $d=80/80$	28.4	42	50	57	58	60	48	51
		22.5	$a=1.5$； $b=1$； $d=65/65$	30	38	49	55	63	66	49	51
		23.2	$a=1.5$； $b=1$； $d=80/80$	32	45	53	58	58	60	51	53
		26.5	$a=b=1.5$； $d=65/65$	32	41	49	56	62	66	50	51
		26.1	$a=2$；$b=1$； $d=65/65$	31	40	48	55	62	66	49	53
		27.5	$a=b=1.5$； $d=80/80$	31	43	52	59	62	63	51	54
		26.8	$a=2$； $b=1$； $d=80/80$	36	43	32	38	63	66	32	33
		—°7.6	$a=2$； $b=1$； $d=100/100$	39	43	51	58	66	70	53	55
		31	$a=2$； $b=1.5$； $d=80/80$	40	43	52	58	62	65	53	55
		29.9	$a=2.5$； $b=1$； $d=80/80$	33	47	54	57	58	60	51	51
		33.5	$a=2.5$； $b=1.5$； $d=65/65$	36	43	49	56	63	67	51	53
		34.2	$a=2.5$； $b=1$； $d=80/80$	36	46	51	58	63	65	53	55
		35	$a=2.5$； $b=2$； $d=80/80$	40	43	50	57	64	69	53	55
		37.8	$a=2.5$； $b=2$； $d=80/80$	39	42	51	55	61	63	51	54
		40.9	$a=2.5$； $b=2$； $d=80/80$	34	41	49	66	62	61	50	52

续表

类别	材料	面密度 (kg/m²)	厚度/尺寸 (mm)	倍频带消声量（dB）						$R_{平均}$ (dB)	R_W (dB)
				125Hz	250Hz	500Hz	1000Hz	2000Hz	4000Hz		
双层吸声材料	钢铁加超细玻璃棉	38.4	$a=3$; $b=2$; $d=80/80$	33	47	53	67	58	58	51	54
		39.2	$a=3$; $b=1.5$; $d=80/80$	37	44	52	58	62	60	52	54
		45.8	$a=3$; $b=2.5$; $d=80/80$	36	42	50	56	61	57	50	53
		50.3	$a=3$; $b=3$; $d=80/80$	33	42	50	56	61	47	49	53

注　R（平均隔声量）为各频带隔声量的算术平均值；R_w（计权隔声量）为将隔声频率特性曲线与标准曲线按一定方法进行比较而读得之数；a、b 为板的厚度；d 为空隙宽度。

附表 2　　　　　　　　　　典型材料结构组成—隔声门

类别	门缝处理	门的厚度/尺寸 (mm)	倍频带消声量（dB）						$R_{平均}$ (dB)	R_w (dB)
			125Hz	250Hz	500Hz	1000Hz	2000Hz	4000Hz		
普通保温隔声门（单扇）	全密封	40～50	29.0	22.9	31.1	35.7	42.6	45.2	33.3	35
	双橡胶9字形条	40～50	23.2	21.4	27.1	33.1	41.0	39.6	30.6	32
	单道软橡胶9字形条	40～50	21.1	20.2	25.1	25.3	37.7	38.7	27.6	28
	单道软橡胶9字形条	40～50	21.8	20.9	26.0	24.1	29.7	35.4	25.6	27
	不处理	40～50	19.5	18.8	21.5	17.1	19.5	22.7	19.8	18
普通保温隔声门（双扇）	单道软橡胶9字形条	40～50	23.0	24.1	28.3	29.8	30.6	35.5	28.7	31
铝板隔声门	包毛毡	—	26.1	36.4	29.0	28.8	35.9	51.8	33.1	32
	门缝消声器	—	22.8	24.2	23.5	34.3	40.2	33.6	29.2	30
	无	—	23.0	28.6	24.1	29.2	23.1	24.2	25.1	25
钢板隔声门	包毛毡	74	41.5	41.3	34.3	36.9	45.2	58.0	41.1	41
	门缝消声器	74	26.8	25.8	26.3	41.1	44.3	36.2	32.9	35
	无	74	25.5	25.9	25.0	28.1	23.4	24.1	24.8	25
国标 J649 隔声门	橡胶9字形条	900×1800/ 1000×2100 1500×2100/ 2400×2400 3000×3300/ 3300×3600	21.0	26.2	35.3	45.0	43.5	52.5	37.3	38

续表

类别	门缝处理	门的厚度/尺寸(mm)	倍频带消声量（dB）						$R_{平均}$(dB)	R_w(dB)
			125Hz	250Hz	500Hz	1000Hz	2000Hz	4000Hz		
国标 J649 隔声门	海绵橡胶条	900×1800/ 1000×2100 1500×2100/ 2400×2400 3000×3300/ 3300×3600	35.5	36.7	37.0	44.0	44.5	55.5	41.3	41
	斜企口人造革包泡沫塑料压缝（不附吸声体）	900×1800 1000×2100	36.1	39.6	39.8	50.2	50.4	53.7	44.4	44
	斜企口人造革包泡沫塑料压缝（附吸声体）	900×1800 1000×2100	38.3	46.6	44.7	52.3	54.6	56.9	48.3	49

注 R（平均隔声量）为各频带隔声量的算数平均值；R_w（计权隔声量）为将隔声频率特性曲线与标准曲线按一定方法进行比较而读得之数。

附表 3　　　　　　　　　　**典型材料结构组成－隔声窗**

类别	窗面积（m²）	厚度（mm）	倍频带消声量（dB）						$R_{平均}$(dB)	R_w(dB)
			125Hz	250Hz	500Hz	1000Hz	2000Hz	4000Hz		
普通单层玻璃窗	2	3	21	22	23	27	30	30	25.5	27
	3	4	22	24	28	30	32	29	27.5	29
	3	6	25	27	29	34	29	30	29.0	29
	2	8	31	28	31	32	30	37	30.5	31
	2	10	32	31	32	32	32	38	32.8	32
	2	12	32	31	32	33	33	41	33.7	33
	2	15	36	33	33	28	39	41	35.0	30
普通双层玻璃窗	1.9	3/8/3	17	24	25	30	38	38	28.7	30
	1.9	3/32/3	18	28	36	41	36	40	33.2	36
	1.8a	3/100/3	24	34	41	46	52	55	42	43
	3.0a	3/200/3	36	29	43	51	46	47	42	41
	1.13	4/8/4	20	19	22	35	41	37	29	27
	1.8a	4/100/4	29	35	41	46	52	43	41	44
	3.0a	4/254/4	31	41	50	50	51	44	44.5	45
	3.8	6/10/6	22	21	28	36	30	32	28.2	30
	1.8a	6/100/6	32	38	40	45	50	42	41.2	43
	1.8	6/100/3	26	32	39	39	46	47	38.2	41
	1.8a	6/100/3	30	35	41	46	51	54	42.8	45
铝合金单层平开窗（门缝处理）	—	5	20.4	27.0	28.5	32.5	34.6	35.2	29.3	32
双层平开钢窗	—	4/120/4	23.5	25.5	29.5	32.5	34.0	40.5	30.9	33
	—	5/100/5	22	19	29	32	42	56	33.2	32
	—	6/150/6b	31.1	39.3	41.4	45.8	35.8	46.2	39.9	36

注 R（平均隔声量）为各频带隔声量的算数平均值；R_w（计权隔声量）为将隔声频率特性曲线与标准曲线按一定方法进行比较而读得之数；a 表示边框有吸声处理；b 表示窗缝、窗框处理。

附表 4   典型材料结构组成一消声器

消声器类别	外形尺寸（mm）	风速（m/s）	倍频带消声量（dB）								ΔL_A (dB)
			63Hz	125Hz	250Hz	500Hz	1000Hz	2000Hz	4000Hz	8000Hz	
管式消声器（内衬50mm厚聚酯氨泡沫，长度为1m）	300×300	—	—	3	11	26	19	24	26	—	—
	400×300	—	—	3	10	22	16	20	14	—	—
	500×300	—	—	2	8	19	14	18	12	—	—
	350×350	—	—	2	9	21	15	19	13	—	—
	475×350	—	—	2	7	17	12	16	11	—	—
	600×350	—	—	2	7	16	11	15	10	—	—
	400×400	—	—	2	7	17	12	16	11	—	—
	550×400	—	—	1	6	14	10	13	9	—	—
	700×400	—	—	1	5	13	9	12	8	—	—
ZP100型片式消声器	400×300（有效长度1m）	静态	5	6.5	16	33.5	30	19	13	11.5	21
		3	4	6.5	15.5	32.5	30	18	13	11.5	20.5
		6	3.5	6	15.5	32.5	30	18.5	13	11.5	20.5
		9	3.5	5.5	15.5	32	30	19	14	11.5	20
	600×300（有效长度1m）	静态	4.5	8.5	15	17	13.5	14	12	10.5	15
		3	4.5	9	14	17	13	15	12	11.5	15.5
		5	4.5	9	14	16.5	12.5	15.5	11.5	12	15.5
		8	6	9.5	14	17	13.5	15.5	12	11.5	15.5
ZP200型片式消声器	400×630（有效长度1m）	静态	5	9	17.5	31	37.5	28.5	22	19	24.5
		3	5.5	8.5	17.5	31.5	38.5	28.5	23	22	25
		5	4	9	18	31.5	38.5	30	23	19	25.5
D型阻性折板式消声器	ϕ450×1400	17	9	24	27	36	28	24	23	21	30
	ϕ600×1600	19	7	29	29	36	29	27	24	27	33
	ϕ900×1800	19	13	12	28	33	39	32	30	30	29
ZKS型阻性折板式消声器	长 900（片距150，片厚100）	3～4	—	7.5	14	22	22	27	28	—	—
		5～6	—	7	14	20	21	26	26	—	—
		7～8	—	7	14	18	19.5	24	25	—	—
	长 180（片距150，片厚100）	3～4	—	13	27	38	39	48	50	—	—
		5～6	—	13	25.5	35	37	39	41	—	—
		7～8	—	11	22	31	32	40	41	—	—
	长 270（片距150，片厚100）	3～4	—	17	35	45	50	62	64	—	—
		5～6	—	16	32	45	46.5	57	59	—	—
		7～8	—	13	27	37	39	48	49	—	—
菱形声流式消声器	长 2400	3	—	19	27.5	43	42.5	35.5	31	—	—
		5	—	17	27	34	32	30	25	—	—
		8	—	17	22	31	30	30	25	—	—
不同吸声衬里消声弯头	无吸声衬里	3.3	—	8	15	6	7	8	8	—	7
		6.0	—	6	12	7	5	7	8	—	8
	50mm厚超细棉，棉布饰面	3.3	—	8	16	19	24	25	23	—	17
		6.0	—	11	14	15	23	26	24	—	15

消声器类别	外形尺寸（mm）	风速（m/s）	倍频带消声量（dB）								ΔL_A（dB）
			63Hz	125Hz	250Hz	500Hz	1000Hz	2000Hz	4000Hz	8000Hz	
不同吸声衬里消声弯头	50mm厚超细棉，棉布饰面，加导流片	3.3	—	10	17	18	20	22	17	—	16
		6.0	—	11	19	19	21	24	18	—	17
	50mm厚超细棉，穿孔板饰面	3.3	—	10	19	18	20	18	20	—	15
		6.0	—	8	14	17	17	17	19	—	15
ZWB-50消声弯头	630×320（吸声壁面厚度50）	静态	7	8	15	16	12.5	9	7.5	—	9
		3	6.5	8	15.5	16	12	9	7	—	9.5
		5	6.5	7.5	15.5	15.5	11.5	9	7.5	—	10
		8	6.5	8	15	15.5	12.5	9.5	8.5	—	10
ZWB-100消声弯头	630×320（吸声壁面厚度100）	静态	10	12	17.5	23	14.5	10.5	7.5	—	11.5
		3	9.5	12	18.5	23	14	10.5	7	—	11.5
		5	9.5	12	18.5	23	14	10.5	7.5	—	12
		8	9.5	12	18	22.5	14	11	8	—	12
消声百叶	300（薄片）	—	—	3	5	10	13	17	18	15	—
	600（薄片）	—	—	5	8	17	27	37	38	34	—
	300（厚片）	—	—	7	9	11	14	13	17	17	—
	600（厚片）	—	—	8	16	21	27	27	24	21	—
	R型厚300	—	11	13	17	18	19	20	18	15	—
	LP型厚300	—	10	11	14	15	18	15	13	12	—
	厚100	—	11	10	11	12	15	19	20	19	—
	厚150	—	12	12	14	17	20	24	25	23	—
F型阻抗复合式消声器	—	0	10	12	15	28	30	35	22	25.5	—
		9.5	7	12	14	18	22	31	21	18.5	—
		14.1	7	11.5	14	14.5	17.5	25.5	19.5	14	—
		17.2	6	10.5	12.5	10	12	19.5	16	5.5	—
		20.5	5	9	10	6	7	16.5	12	1.5	—
		21.6	4.5	9	10	8	5	15.5	9	1	—

注 ΔL_A为综合隔声量。

参 考 文 献

[1] 相增辉，王双闪，兰桂柳，等. 声屏障的发展历程及其发展趋势［J］. 声学技术，2016，35（01）：58-62.

[2] 胡静竹，刘涤尘，廖清芬，等. 变电站声屏障降噪效果及影响因素分析［J］. 武汉大学学报（工学版），2017，50（01）：75-80.

[3] 沈伟，马楣. ±800kV奉贤换流站移动式Box-in结构设计［J］. 电力建设，2011，32（08）：34-37.

[4] 李乾坤. 已投运换流变压器BOX-IN设计方案［J］. 中国高新科技，2018（04）：22-24.

[5] 赵应龙，何琳. 隔声罩设计［J］. 海军工程大学学报，2000（03）：66-68.

[6] 张林，孙刚，沈加曙，等. 电抗器隔声罩设计和试验研究［J］. 哈尔滨工程大学学报，2007（12）：1352-1355＋1381.

[7] 苏杭. 浅谈装配式围墙在变电站中的应用［J］. 科技视界，2018（13）：83-84.

[8] 曹枚根，莫娟，陈花玲，等. 电力变压器减振降噪措施效果分析与验证［J］. 中国电业（技术版），2014（09）：89-92.

[9] 潘家玮. 变电站的噪声分析与降噪控制策略研究［D］. 华南理工大学，2014.

[10] 殷晓红，迟磊，王立杰，等. 电力变压器降噪措施的研究［J］. 电力科技与环保，2015，31（01）：16-17.

[11] 丁绍旭，陈伟，杜积水. 大型电力变压器铁心、油箱及冷却系统的噪声控制措施［J］. 变压器，1999（04）：34-38.

[12] 毛万红，沈履刚，徐立，等. 户外箱式配电变压器自然通风式隔声罩设计研究［J］. 噪声与振动控制，2010，30（03）：148-152.

[13] 张晓龙. 干式变压器隔声罩消声器研制［D］. 昆明理工大学，2008.

[14] 林志驰，高银，曹娜，等. 户内变电站变压器降噪和通风的研究与分析［J］. 现代商贸工业，2011，23（24）：415-416.

[15] 李明，陈锦栋. 城市110kV室内变电站噪声控制的分析［J］. 噪声与振动控制，2012，32（01）：105-108.

[16] 周年光. 变电站噪声控制技术及典型案例［M］. 北京：中国电力出版社，2015.

[17] 王骅，陈锦栋，黄青青，等. 居住区内10kV变配电站的噪声污染及治理［J］. 噪声与振动控制，2015，35（04）：107-111.

[18] 马大猷. 噪声与振动控制工程手册［M］. 北京：机械工业出版社，2002.

[19] 罗惠平. 城市变电站降噪措施浅析［J/OL］. 中国高新技术企业，2017（11）：165-166.

[20] 徐禄文，邹岸新. 变电站噪声控制技术［M］. 北京：中国出版社，2017.

[21] 周年光. 变电站噪声控制技术及典型案例［M］. 北京：中国电力出版社，2015.

[22] 李懿乾，黄亦斌. 变电站隔振技术探讨［J］. 科协论坛（下半月），2013（12）：30-32.

[23] 田一，陈建胜，刘主光，等. 微孔纤维复合吸声板在城市变电站降噪中的应用［J］. 智能电网，2016，4（10）：988-992.

[24] 贺俊智，郭霞，李冬冬，等. 磁流变弹性体的研究进展［J］. 高分子通报，2018

（05）：21-27.

[25] 娄二军，王朝乐，卢淼. 城市变电站降噪措施浅析 [J]. 大科技，2017，（35）：80-81.

[26] 钱诗林，张嵩阳，张远，等. 110kV～750kV 变电站噪声超标原因分析及控制措施 [J]. 河南科技，2015（21）：57-58.

[27] 张晓璐，王蕾，郭坚. 变电站噪声超标影响及治理控制措施 [J]. 现代建筑电气，2016，7（12）：47-52.

[28] 马晓光. 变电站降噪吸声材料研究进展 [J]. 广州化工，2016，44（06）：37-39.

[29] 苑改红，王宪成. 吸声材料研究现状与展望 [J]. 机械工程师，2006（06）：17-19.

[30] 祝日新，李晶，毕万利，等. 无机多孔吸声材料的研究与发展 [J]. 辽宁科技大学学报，2017，40（03）：194-199.

[31] 王忠强. 城市变电站噪声控制技术 [M]. 北京：中国电力出版社，2017.

[32] 高玲，尚福亮. 吸声材料的研究与应用 [J]. 化工时刊，2007，（2）：63-65，69.